단체급식 실습

이애랑 · 박경숙 · 이영우 · 조윤경 공저

光文閣
www.kwangmoonkag.co.kr

머리말

최근 모바일 네트워크/어플리케이션, 사물인터넷(IoT), 빅데이터, 클라우드 등 정보통신기술 발달과 사회 구조의 변화에 따라 인간 생활의 구조가 다양하게 변모하면서 식생활 패턴에도 많은 영향을 미치게 되었다. 급변하는 사회 환경에 따라 산업체, 병원, 학교, 기숙사, 군대, 사회복지시설 등의 단체급식에 대한 사회적 요구가 커지게 되었다. 이에 급식산업의 변화에 따라 급식시설에 적합한 식사를 제공하기 위하여 급식관리를 전담하는 영양사나 급식관리자의 전문 지식과 기술이 필요하다.

급식소 현장에서 급식산업 환경에 대처하는 능력을 배양하기 위하여 실무 중심으로 기술하였다. 또한, 이론적 내용과 함께 영양사 업무에 사용하는 서식과 자료를 제시하여 단체급식에 대한 이론과 실무에 대한 이해도를 높이고자 하였다. 본 교재에 2010년 국민영양관리법이 제정되면서 영양사, 임상영양사, 영양(교)사 등의 직무를 소개하였다.

제1장은 단체급식 실습 총론으로 급식 개요(직무 관계 법령, 영양사 직무, 윤리강령)을 기술하였으며, 단체급식 실습 개요(실습 목표, 실습 진행), 단체급식 운영관리로 구성하여 실무에서 사용하고 있는 서식을 포함하여 급식관리 이론과 실습에 대한 내용을 서술하였다.

제2장에서는 시설별 영양사 실습에 대하여 여러 시설별에 따른 급식관리자가 해야 하는 실무관리 및 서식으로 구성하였다.

부록편에서는 시설별 단체급식 식단과 급식에 활용할 수 있는 메뉴를 제공하였다.

저자들은 단체급식에 대한 전반적인 흐름과 각 시설별 업무를 정확하고 충실한 정보를 제공하고자 노력하였다.

본 교재는 급식관리 이론과 실무 능력을 동시에 갖추도록 한 실습서로서 영양사 업무에 대한 작업 공정을 학교와 현장 학습에 유용하게 활용할 수 있도록 구성하였다.

효율적인 영양사 업무 실습교육이 되도록 집필하였으나 의도한 바를 충분히 살리지 못한 점이 있으리라고 생각한다. 독자 여러분의 아낌없는 지도편달을 부탁하면서 향후 부족한 점을 계속 보완·수정해 나가도록 노력하고자 한다.

끝으로 이 책을 알차게 꾸며주신 광문각출판사 박정태 회장님과 편집부 여러분에게 깊은 감사를 표합니다.

2017년 8월

저자 일동

제2장 시설별 단체급식 실습

부록편

01

단체급식 실습 총론

I. 단체급식 개요

01 단체급식 정의

단체급식이란 단체에 속한 특정인들을 대상으로 식사를 제공하는 것을 말한다. 식품위생법에서 단체급식소를 집단급식소로 표기한다. 「식품위생법」[1] 제2조 12호에 의하면 '집단급식소'란 영리를 목적으로 하지 아니하면서 특정 다수인에게 계속하여 음식물을 공급하는 다음 각 목의 어느 하나에 해당하는 곳의 급식시설(기숙사, 학교, 병원, 「사회복지사업법」[2] 제2조제4호의 사회복지시설, 산업체, 국가·지방자치단체 및 「공공기관의 운영에 관한 법률」 제4조제1항에 따른 공공기관, 그 밖의 후생기관 등)로서 대통령령으로 정하는 시설을 말한다. 식품위생법 제2조 15항에 의하면 '집단급식소에서의 식단'이란 급식 대상 집단의 영양섭취기준에 따라 음식명, 식재료, 영양 성분, 조리 방법, 조리인력 등을 고려하여 작성한 급식계획서를 말한다. 우리나라는 집단급식소의 범위를 1회 50명(제조업은 100인) 이상에게 식사를 제공하는 곳으로 규정하고 있다(시행령 제2조).

1) 국가법령정보센터 http://www.law.go.kr
2) 국가법령정보센터 http://www.law.go.kr

02 관계 법령 및 법적 근거

1) 식품위생법 및 국민영양관리법

내 용	식품위생법	시행령	시행규칙
가. 집단급식소의 정의 및 범위	제2조(정의)		
나. 영양사의 직무	제52조(영양사)		
다. 건강 진단	제40조(건강진단)		
라. 식품위생교육	제41조(식품위생교육) 「국민영양관리법」 제15조에 따른 영양사 면허		

내 용	국민영양관리법	시행령	시행규칙
가. 영양사 등의 책임	제4조(책임)		
나. 영양사의 면허 및 교육	제15조(영양사의 면허) 제16조(결격사유) 제17조(영양사의 업무) 제18조(면허 등록) 제19조(명칭사용의 금지) 제20조(보수교육) 제21조(면허취소 등) 제23조(임상영양사)		국민영양관리법 제15조 시행규칙 7조 영양사 자격

(1)「국민영양관리법」[3] 제17조(영양사의 업무) 영양사는 다음 각 호의 업무를 수행한다.

1. 건강 증진 및 환자를 위한 영양, 식생활 교육 및 상담
2. 식품 영양 정보의 제공
3. 식단 작성, 검식(檢食) 및 배식관리
4. 구매식품의 검수 및 관리

3) 국가법령정보센터 http://www.law.go.kr

5. 급식 시설의 위생적 관리
6. 집단급식소의 운영일지 작성
7. 종업원에 대한 영양지도 및 위생교육

(2) 「식품위생법」 제52조(영양사) ② 집단급식소에 근무하는 영양사는 다음 각 호의 직무를 수행한다.

1. 집단급식소에서의 식단 작성, 검식(檢食) 및 배식관리
2. 구매 식품의 검수(檢受) 및 관리
3. 급식시설의 위생적 관리
4. 집단급식소의 운영일지 작성
5. 종업원에 대한 영양 지도 및 식품위생교육

(3) 「국민영양관리법」 시행규칙 제22조(임상영양사의 업무)

1. 영양문제 수집·분석 및 영양요구량 산정 등의 영양판정
2. 영양상담 및 교육
3. 영양관리 상태 점검을 위한 영양 모니터링 및 평가
4. 영양불량 상태 개선을 위한 영양관리
5. 임상영양 자문 및 연구
6. 그 밖에 임상영양과 관련된 업무

2) 학교급식법 및 국민건강증진법

(1)「학교급식법」 시행령 제8조(영양교사의 직무) 법 제7조 제1항에 따른 영양교사는 학교의 장을 보좌하여 다음 각 호의 직무를 수행한다.

1. 식단 작성, 식재료의 선정 및 검수
2. 위생·안전·작업관리 및 검식
3. 식생활 지도, 정보 제공 및 영양상담
4. 조리실 종사자의 지도·감독
5. 그 밖에 학교급식에 관한 사항

(2)「국민영양관리법」 시행규칙 제17조(영양지도원)

② 시·도의 영양지도원은 다음 각 호의 업무를 담당한다.

1. 영양지도의 기획·분석·평가 및 영양상담
2. 보건소의 영양 업무 지도
3. 집단급식시설에 대한 급식 업무 지도
4. 영양조사 및 효과 측정
5. 홍보 및 영양교육
6. 기타 영양과 식생활 개선에 관한 사항

③ 시·군·구의 영양지도원은 다음 각 호의 업무를 담당한다.

1. 영양지도의 계획·분석
2. 지역주민 영양지도(영·유아, 임산부, 수유부, 노인, 환자, 성인의 영양관리) 및 상담
3. 집단급식시설에 대한 현황 파악 및 급식 업무 지도
4. 영양조사 및 지역주민의 영양 평가 실시
5. 영양교육 자료의 개발·홍보 및 영양교육
6. 지역주민의 영양조사 결과 자료 활용
7. 기타 영양과 식생활 개선에 관한 사항

03 분야별 영양사의 직무

1) 영양사의 정의 및 활동 분야

영양사란 질병 예방과 건강 증진을 위해 급식관리 및 영양 서비스를 수행하는 전문인이다. 영양판정, 영양소 섭취 조사, 영양교육 및 상담, 영양 지원 등 영양 치료를 제공하고, 효율적이고 경제적인 급식 서비스를 제공하기 위해 영양, 식단, 위생, 구매, 생산, 원가 등에 대한 급식경영 업무를 담당하며, 산업체에서 급식관리 업무 외에 질환별 영양관리, 영양교육 및 상담 등 영양 서비스를 관리하는 업무를 수행하는 자로서 영양교사, 임상 영양사, 급식경영 영양사, 산업보건 영양사, 보건 영양사, 관리 영양사, 상담 영양사, 식품위생 영양사 등이 있다.

우리나라의 영양사는 근무 분야에 따라 크게 산업체, 병원, 학교, 보건소, 사회복지시설 등으로 구분하기도 하고, 최근 급식 전문 업체가 증가함에 따라 단체급식소 운영 형태에 따라 나누기도 한다.

2) 영양사의 직무

2010년 「국민영양관리법」 제17조에 영양사 업무(직)무는 7가지로 다음과 같이 규정한다.

① 건강 증진 및 환자를 위한 영양식생활 교육 및 상담

② 식품 영양정보의 제공

③ 식단 작성, 검식 및 배식관리

④ 구매 식품의 검수 및 관리

⑤ 급식시설의 위생적 관리

⑥ 집단급식소의 운영일지 작성

⑦ 종업원에 대한 영양지도 및 위생교육

04 영양사 윤리 및 직업관

1) 영양사 윤리

(사)대한영양사협회[4]에서 영양사 윤리강령을 다음과 같이 제시하였다.

- 영양사는 국민건강 지킴이로서 모든 사람이 건강한 삶을 누리도록 영양 서비스를 제공하는데 헌신하고, 특히 소외된 자들의 영양 상태 개선에 노력하여 복지사회 구현에 앞장선다.
- 영양사는 모든 사람의 국적, 인종, 종교, 성별, 연령, 사상, 사회적 지위와 관계없이 동등한 영양 서비스를 제공하고, 국민의 건강을 수호하기 위해 어떠한 부당함이나 압력에도 굴복하지 않고 양심에 따라 정의롭게 행동한다.
- 영양사는 최상의 영양 서비스를 제공하기 위해 최신 지식과 기술 습득에 힘쓰고, 전문인으로서의 능력과 품위를 유지하기 위해 노력한다.

이에 영양사는 개인, 가족, 집단, 지역사회, 나아가 국가와 인류의 건강과 복지 향상에 관련된 영양사의 행위와 활동을 판단·평가하며 인도하는 윤리강령을 준수한다.

2) 영양사 직업관

(사)대한영양사협회[5]에서 제시한 영양사의 직업관은 다음과 같다.

① 영양사는 고객에게 최상의 영양 서비스를 제공하기 위해서 최신 지식과 기술 습득에 힘쓰고, 이를 활용하고 전파하기 위해 노력한다.

② 영양사는 스스로 명예를 훼손하고 국민의 신뢰를 잃는 행동을 하지 않는다.

③ 전문 영양사는 자격 유지를 위한 교육을 받아 자격에 적합한 최선의 서비스를 제공하도록 노력한다.

④ 영양사는 모든 사람의 국적, 인종, 종교, 성별, 연령, 사상, 사회적 지위와 관계없이 동등한 영양 서비스를 제공한다.

4) (사)대한영양사협회 https://www.dietitian.or.kr
5) (사)대한영양사협회 https://www.dietitian.or.kr

⑤ 직무상 고객과의 관계에서 얻어진 정보는 국민건강 증진 및 연구의 목적으로만 사용하고 개인의 이익을 위해 사용하지 않는다.

⑥ 영양사는 어떠한 불의나 부도덕한 행위와 타협하지 않고, 국민건강 지킴이로서 자긍심을 갖고 맡겨진 책임을 다한다.

⑦ 영양사는 다른 보건의료 전문인의 고유한 역할을 존중하며, 상호 협조한다.

⑧ 영양사는 과학적 사실에 근거한 정확한 정보만을 제공한다.

II. 단체급식 실습 개요

01 실습 목표

급변하는 시대의 요구에 필요한 영양사로서 사회적 책임을 완수할 수 있도록 영양 전문인을 양성한다. 산업체, 학교, 병원, 보건소, 영유아 보육시설 급식, 유치원, 어린이 급식관리 지원센터, 사회복지시설 등의 시설 목적, 특성을 이해하고 영양사의 직무 중 중요한 단체급식의 관리 운영 방법과 기술을 습득하기 위하여 학교 내외의 단체급식 시설에서 급식관리 실습을 한다. 실습생은 급식관리의 이론, 영양학, 식품학, 위생학, 조리학 등의 지식을 습득한 후 집단을 대상으로 한 식사계획, 식품관리, 대량조리의 방법, 조리작업의 계획과 실제, 시설설비, 위생관리 등의 실무를 실습한다. 또한, 실제의 급식 운영관리에 필요한 주제에 대하여 실험·관찰·조사를 한다.

이 실습을 통해서 단체급식의 관리 운영을 책임지는 영양사의 업무에 대하여 실습한다.

02 실습 목적

영양사의 전공과목에 대한 각 과목을 학습하여 이론에 따른 실험·실습을 통하여 습득한 기초 지식을 응용하고 이것을 실천에 옮겨 급식에 관한 계획·실시·평가 등에 따른 작업과정을 학생에게 분담하여 영양사로서 필요한 관리 능력을 양성하는 것이 목적이다.

또한, 급식관리에 관한 지식이나 기술을 체득하여 피급식자에게 적절하고 풍부한 식사를 제공하도록 급식관리자에게 필요한 책임감·조화·인간관계 등을 익히도록 한다. 영양사는 실천적이며 총체적인 직무의 교육을 받도록 교외 현장 실습과 교내 실습을 한다.

이와 같은 급식을 운영하는 데 필요한 업무를 총책임자, 영양사, 영양교사, 조리사, 조리원 등으로 구분한 후, 영양교육이나 식당의 분위기 조성 등을 고려해서 준비·기록하는 업무 등을 분담해서 실습을 계획·실시한다. 그 결과를 평가하고 학생은 급식 실습에 관련된 모든 분야에 대한 역할을 바꿔 담당하여 폭넓은 실습 체험을 할 수 있도록 한다.

03 실습자의 자세

학교 실습은 급식관리 운영에 관한 임무를 학생 실습을 하는 경우에 이상과 현실이 맞지 않는 경우가 많다. 학교실 습과 현장 실습에 있어 이들의 이상과 관리 등에 차이가 많고 문제점에 대하여 임하는 마음 자세가 필요하므로 다음과 같이 배려해야 한다.

1) 자주적이며 연구적인 자세

계획에서부터 실습의 완료까지 일관되게 학생들을 중심으로 자주적·연구적 태도로 실습한다.

2) 조별 실습에 대한 커뮤니케이션

조(팀, 그룹)별 실습에 따라 학생들은 상호 협동하여 실습하여야 하고 각 조별 팀장과 긴밀한 연락을 취하도록 한다. 실습에 임하기 전의 사전준비(식단표 작성, 영양교육 매체 제작, 식당 분위기 조성, 식기류 준비 등), 식품 구매(발주·검수, 보관 및 저장), 조리 작업(조리, 상차림, 배식) 등의 분담에 대하여 검토한다.

3) 위생적인 배려

단체급식 실습은 특히 위생적인 측면에 부주의하면 많은 사람에게 식중독 사고가 발생될 수 있으므로 위생적인 측면의 배려가 필요하다.

04 실습 진행

실습은 식단관리·식재료 구매 조리·배식·관리 실습과 그 계획을 하는 사전준비, 실습 후의 정리 등의 작업으로 진행한다.

	단원	내용
1	오리엔테이션	실습 목표, 실습 시의 자세, 진행 방법, 실습 평가에 대해 알아본다.
2	식단관리	식단 작성의 기본과 영양 균형을 고려한 식단을 작성하고, 이벤트 식단을 구성한다.
3	식재료 구매관리	식단에 따라 적량 구매를 고려하여 발주표를 작성한다. 식재료의 구입, 검수, 저장, 적절한 보관 방법을 학습한다.
4	조리 및 작업관리	대량 조리법 및 작업 표준화를 익힌다.
5	위생관리	위생관리 방법을 작업별, 개인위생별 나눠서 학습한다.
6	급식시설 · 설비	급식 시설 · 설비기구의 종류와 관리법을 학습한다.
7	사무관리 및 원가관리	급식 관련 서식 작성과 식단 원가관리를 학습한다.
8	안전관리	급식 관련 안전관리 방법을 익힌다.
9	급식관리 평가	전반적인 급식 품질 향상을 위한 피급식자의 급식 만족도 조사와 효율적인 급식 평가 방법을 학습한다.
10	다량 조리실습	그룹별로 급식관리 계획을 바탕으로 실제 급식 실습을 실시한다.
11	시설별 급식관리 실습	그룹별로 단체급식소를 방문하여 각 시설별 특징을 조사한다.

1) 진행 방법

① 오리엔테이션: 개요 설명, 조 배분, 작업 분담

② 사전준비: 각종 급식 관련 계획표 작성

③ 조리·배식 실습

④ 실험·조사: 조리·배식 실습 중의 실험 및 조사

⑤ 실험 결과의 정리, 보고서 작성

⑥ 종합 평가

2) 실습 내용의 순서

① 급식 대상의 설정

② 영양교육 계획 준비

③ 영양 필요량, 식품 구성의 결정

④ 식수 인원수의 결정

⑤ 급식비의 결정

⑥ 예정 식단 작성

⑦ 식품 구입(발주, 검수)

⑧ 작업계획(조리 방법과 순서, 상차림, 배식)

⑨ 식당 분위기의 조성

⑩ 효과 판정

⑪ 사무처리

3) 실습 평가

① 출석

② 실습 기간 중 각 업무에 있어서의 실습 태도에 대한 평가

③ 리포트[기록표, 개인 보고서, 조별(그룹) 보고서]

4) 실습 시의 주의사항

실습 기간 중의 지각, 결석은 어느 경우라도 반드시 담당교수와 조교에게 연락하고 지시에 따른다. 실습에 관한 지시·연락은 게시판, 홈페이지, SNS등을 이용하므로 실습 기간 중에는 항상 사전에 확인하여 본다.

실습에 임하기 전에 실습 중 자신의 작업 분담, 내용에 대하여 확실하게 이해하고 사전에 확인한다.

(1) 조리·배식 실습 기간 중의 주의사항

① 실습 중에 무단으로 실습장에서 이탈하지 않는다.

② 실습 중 필요 이외의 잡담이나 담소를 피한다.

③ 인사 또는 업무를 부탁받았을 때 응대 등을 확실하게 한다.

④ 준비물: 청결한 조리 실습복(위생복), 실내화, 앞치마, 머릿수건(위생모), 이름표, 필기 도구, 식품 성분표, 계산기 등

(2) 참고 도서

각종 식단표, 대량조리 핸드북, 조리서, 단체급식 관련 자료 등

III. 단체급식 운영관리

01 식단관리

1) 식단의 정의

식단은 차림표 또는 메뉴(menu)라고도 하며, 어원은 라틴어의 'minutus(축소하다)'에서 유래하여 영어의 'minute'로 '상세히 기록한다'라는 의미이다.

2) 식단의 분류

식단은 식단 유형과 형태에 따라 분류할 수 있다.

(1) 식단 유형

① 고정 식단(fixed menu, static menu)

고객에게 동일한 메뉴를 일정 기간 동안 지속적으로 제공하는 것으로 주로 레스토랑이나 전문 식당 등에서 사용한다.

② 순환 식단(cycle menu)

일정한 주기에 따라 반복되는 메뉴의 형태로 순환주기를 1주, 10일, 15일, 월별, 계절별(봄, 여름, 가을, 겨울), 6개월 단위로 활용한다.

③ 변동 식단(changing menu)

단체급식소에서 많이 사용되는 메뉴 형태로 식재료 수급 및 가격에 맞게 식단 작성 시마다 새로운 메뉴를 계획한다.

(2) 식단 형태

① 단일 식단(non-selective menu)

단일 식단은 재료의 준비에서 비용이나 작업 효율을 높일 수 있으며, 재료관리가 용이한 장점이 있다. 군대급식, 학교급식, 유치원 아동급식 등에서 운영된다. 식단의 선택권이 없어 급식 대상자의 불만이 있을 수 있다.

② 부분 선택 식단(partially selective menu)

주메뉴나 부찬 중 제한적으로 음식 선택권을 주는 메뉴 형태로, 급식 대상자는 그 중에서 기호에 맞는 것을 선택할 수 있는 장점이 있다.

③ 선택 식단(selective menu)

복수 식단이나 카페테리아 형태로 급식 대상자가 자유로이 선택할 수 있도록 다양한 음식이 제공되어 기호를 충족시킬 수 있다.

3) 식단계획

식단은 급식 대상자의 요구를 충족시킴과 동시에 조직의 목표를 달성할 수 있도록 계획, 관리해야 한다. 급식 대상자 측면에서 영양필요량, 식습관과 기호도, 식품의 배합과 조리기술, 소요 경비에 대한 경제성, 조리 종사원의 숙련도, 시설 설비 조건을 고려하여야 한다.

4) 식단계획의 절차

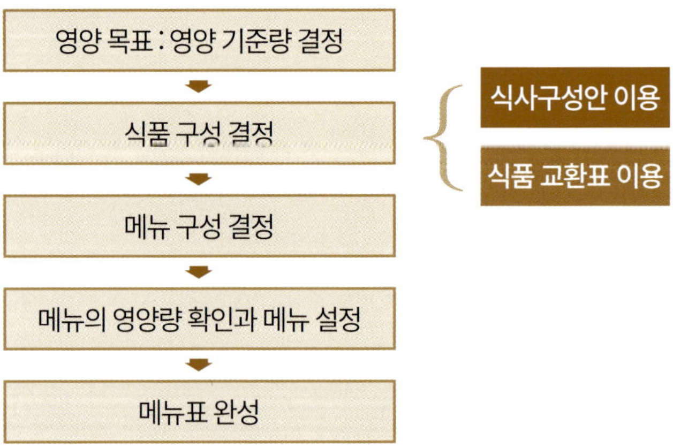

식단 작성 시 고려해야 할 사항

1) 영양필요량

단체급식에서는 특정인을 대상으로 지속적으로 식사를 제공하므로 급식 대상자의 정신적 · 육체적 건강을 유지할 수 있도록 영양계획이 이루어져야 한다.

학교급식, 산업체급식, 병원급식, 유치원급식, 사회복지시설급식, 군대급식 등으로 그룹의 연령, 성별, 생활 활동 등에 따라 최소한의 영양필요량에 맞추어 급식이 제공되어야 한다.

① 대상 집단의 파악

급식 대상 집단의 인원수, 연령, 성별, 생활 활동 정도, 건강 상태 등을 파악한다.

② 한국인 영양소섭취기준에 따른 영양 제공량 결정

영양소별로 과학적 근거에 따라 섭취기준을 결정하며 에너지의 경우 에너지 소비량을 통해 필요추정량으로 정하였다.

한국인 영양소 섭취기준 – 에너지 적정 비율

영양소	1~2세	3~18세	19세 이상	비고
탄수화물	55~65%	55~65%	55~65%	
단백질	7~20%	7~20%	7~20%	
지질 총지방	20~35%	15~30%	15~30%	
n-6계 지방산	4~10%	4~10%	4~10%	
n-3계 지방산	1% 내외	1% 내외	1% 내외	
포화지방산	-	8% 미만	7% 미만	
트랜스지방산	-	1% 미만	1% 미만	
콜레스테롤	-	-	300mg/일 미만	목표 섭취량

2) 식습관과 기호도

식습관은 언제, 무엇을, 어떻게, 왜 먹는지를 결정해 주는 태도로 절기나 행사일에 적합한 음식을 제공하여 고객 만족도를 높일 수 있다. 기호도는 급식 대상자의 인종, 거주 지역, 종교 등의 사회 · 문화 · 환경에 따라 다르게 형성되므로, 선택 메뉴를 이용하면 다양한 기호도를 충족시킬 수 있다.

3) 식품의 배합과 조리 기술

식품의 배합이 적절한 대비가 이루어지고 조화롭게 구성될 때 맛과 풍미를 높일 수 있으며, 음식의 향, 맛, 맛의 조화, 질감의 조화, 음식의 모양, 시각, 온도 등의 적적한 조리 기술이 필요하다.

4) 소요 경비에 대한 경제성

식단을 계획하기 전에 예산 수입을 고려해서 급식비 예산 중 재료비의 비율을 정해야 한다. 식재료의 비율은 호텔이나 일반 식당에서는 30~40%, 학교 카페테리아는 50~60%, 학교급식 및 산업체급식의 단체급식에서는 60~75%, 군대급식에서는 90~100%를 사용한다.

5) 조리 종사원의 숙련도

조리 종사원의 작업 효율이 떨어지면 배식 지연을 초래하거나 조리 능력 미숙으로 품질 저하의 우려가 있으므로 사전에 충분히 실험 조리나 조리 실습을 통해 조리 종사원의 업무 능력을 향상시켜야 한다.

6) 시설·설비 조건

단체급식 조리를 위해 노동력을 절약하면서도 급식 대상자에게 만족한 음식을 만들 수 있는 효율적인 기기를 구비하여야 능률적이다. 현재 구비하고 있는 기기를 파악한 후 이들 기기를 이용하여 효율적으로 작업할 수 있는 식단을 계획해야 한다.

7) 식품의 안전성과 위생적인 면

식단 작성 시 잠재적으로 위해한 식품의 확인은 물론 식품을 보관 조리하여 제공하는 과정에서 소독 수행 여부, 뜨거운 음식과 찬 음식의 혼합 여부, 조리 후 배식되는 시간 등 위해요소의 위생적 관리가 고려되어 식품의 안전성을 확보해야 한다.

5) 식사계획을 위한 영양소 섭취기준 사용

식사계획을 위한 영양관리는 급식 대상자의 건강을 증진시키고, 작업 능률의 향상, 생산성 향상 등의 기업 능률을 향상시키는 데 있다.

영양소섭취기준(dietary reference intakes, DRIs)은 건강한 사람이 평소 식사와 식이 보충제를 통해 섭취하는 영양소에 대한 기준으로, 실제로 개인이나 집단의 식사평가와 식사계획에 사용된다. 식사평가는 식사를 통해 영양소가 적절하게 섭취되었는지를 평가하는 것으로, 평가의 목적에 따라 영양소 섭취기준의 종류를 선택하여 사용할 수 있다. 따라서 식사평가나 계획을 위해 영양소 섭취기준을 사용할 때에는 해당 영양소의 섭취기준 제정의 배경을 잘 이해하여야 한다. 개인과 집단의 식사계획을 할 각각의 영양소 섭취기준 이용 방법이 다르다.

6) 식품 구성 결정

식사계획 시 식품 구성은 '식사구성안'과 '식품교환표'를 이용하여 결정할 수 있다.

(1) 식품구성안을 이용한 식사계획

'식사구성안'은 복잡한 영양가를 계산하지 않고 한국인 영양소 섭취기준을 충족할 수 있도록 고안한 식사계획 방법이다. '식사구성안'에서 제시한 권장 식사 패턴은 개인이나 집단의 에너지 섭취량에 따른 적절한 영양소 섭취를 위하여 음식 및 식품 구성과 그 양을 제시하였다. 권장 식사 패턴을 활용하면 식단을 간단하고 편리하게 작성할 수 있다.

① 에너지 섭취는 건강 체중을 유지할 수 있도록 한다.

② 에너지 적정 비율은 건강 유지 및 질병 예방을 위해 탄수화물 55~65%, 단백질 7~20%, 지방 15~30%를 유지한다.

③ 비타민과 무기질, 식이섬유는 권장섭취량이나 충분섭취량에 가깝게 섭취할 수 있도록 한다.

④ 나트륨 섭취는 1일 2,000mg(소금으로는 5g) 미만을 목표로 한다.

⑤ 식품의 조리 및 가공 시 첨가되는 설탕이나 물엿과 같은 첨가당은 총 에너지 섭취량의 10% 이내로 제한하도록 한다.

【표 1-1】 식품구성안의 영양소 섭취기준

<table>
<tr><th colspan="2">섭취 허용</th><th colspan="2">섭취 주의</th></tr>
<tr><td>에너지</td><td>100% 에너지 필요 추정량</td><td rowspan="2">지방</td><td>1~2세
총 에너지의 20~35%</td></tr>
<tr><td>단백질</td><td>총 에너지의 약 7~20%</td><td>3세 이상
총 에너지의 15~30%</td></tr>
<tr><td>비타민
무기질</td><td>100% 권장섭취량 또는 충분섭취량
상한섭취량 미만</td><td rowspan="2">당류</td><td rowspan="2">설탕, 물엿 등의 첨가당
최소한으로 섭취</td></tr>
<tr><td>식이섬유</td><td>100% 충분섭취량</td></tr>
<tr><th colspan="4">일반적 개념의 목표</th></tr>
<tr><td colspan="4">1. 건강인의 건강 증진을 위한 것이다.
2. 과학적인 근거를 기반으로 식사구성안을 개발해야 하며, 그러기 위해서는 최신 연구의 결과와 국민건강 영양조사의 최신 조사 결과를 반영해야 한다.
3. 식사구성안은 한국인의 식생활 지침에도 부합되도록 전반적인 식생활을 포함하는 내용으로 권장한다.
4. 식사구성안은 일반인들이 사용하기 쉽고 간편해야 한다.
5. 식사구성안은 영양소 섭취기준의 목표가 실제 식생활에 적용이 가능해야 한다.
6. 식사구성안은 사용자의 개인 선호 식품에 따라 동일한 식품군 내에서는 식품의 변화를 주고자 할 때 식품의 대체가 용이하며, 변경한 식품은 식품 간의 영양소가 충족되어야 한다.</td></tr>
</table>

(2) 권장 식사 패턴을 활용한 식단계획 방법

1. ＊ 적합한 1일 에너지 필요량 확인
2. ＊ 에너지 필요량에 맞는 권장 식단 패턴 선택
   유아 · 청소년(A형 - 우유 2회), 성인(B형 - 우유 1회)
3. ＊ 각 식품군별 섭취 횟수 확인 및 세 끼 배분
4. ＊ 음식 종류 및 식품량 계산
   식품군별 섭취 횟수에 1인 1회 분량을 곱하여 식품량 계산

■ 1단계 : 적합한 1일 에너지 필요량 확인

① 방법 1. 성별·연령별 에너지 섭취기준 이용

【표 1-2】 한국인의 1일 에너지 섭취기준(성인의 예)

연령		에너지(kcal/일)	
		남자	여자
성인	19 ~ 29세	2,600	2,100
	30 ~ 49세	2,400	1,900
	50 ~ 64세	2,200	1,800

② 방법 2. 에너지 필요량 공식 이용

【표 1-3】 성인 에너지 필요량 계산 공식

성인 여자	354－6.91×연령(세)＋PA[9.36×체중(kg)＋726×신장(m)] PA(신체활동계수) : 1.0(비활동적), 1.12(저활동적), 1.27(활동적), 1.45(매우 활동적)
성인 남자	662－9.53×연령(세)＋PA[15.91×체중(kg)＋539.6×신장(m)] PA(신체활동계수) : 1.0(비활동적), 1.11(저활동적), 1.25(활동적), 1.48(매우 활동적)

■ 2단계 : 에너지 필요량에 맞는 권장 식사 패턴 선택

① 패턴 A. 유아 및 청소년 대상(우유·유제품류 1일 2회 섭취기준)

② 패턴 B. 성인 대상(우유·유제품류 1일 1회 섭취기준)

【표 1-4】 1,900 kcal 패턴 B (30-40대 여성)

권장 패턴	곡류	고기 · 생선 · 달걀 · 콩류	채소류	과일류	우유 · 유제품류	유지 · 당류
1,900B	3회	4회	8회	2회	1회	4회

■ 3단계 : 각 식품군별 섭취 횟수 확인 및 세끼 배분

각 에너지 필요추정량에 따른 권장 식사 패턴이 결정되면 곡류, 고기·생선·달걀·콩류, 과일류, 채소류, 우유·유제품류, 유지·당류의 1일 섭취 횟수를 3끼 식사와 1~3회의 간식으로 적절히 배분한다.

2015년 한국인 영양소 섭취기준 활용 가이드북, 보건복지부, 대한영양사협회

■ 4단계 : 음식 종류 및 식품량 계산

표 1-5 ~ 1-10의 대표 식품의 1인 1회 분량을 참고하여 식단을 계획한다. 연령에 따라 식품의 1회 분량이 실제 1 serving 사이즈가 아닐 수 있다. 주·부재료로 사용하는 식품의 양만을 각 식품군 섭취 횟수에 포함시킨다. 또한, 유지·당류는 조리 시 소량씩 이용한다.

• 활용 가능한 권장 식단

B타입

메뉴	횟수	아침	점심	저녁	간식
		흑미밥 동태찌개 고사리나물 애호박나물	김치볶음밥 달걀후라이 팽이버섯된장국 미트볼 오이소박이	떡국 숙주나물 부추겉절이 양파간장초절임	플레인요거트 오렌지 포도 * 간식은 1일 1~3회에 나누어서 섭취

곡류	3회	흑미밥 210 g (1)	쌀밥 210 g (1)	가래떡 150 g (1)	
고기 · 생선 · 달걀 · 콩류	4회	동태 60 g (1) 두부 40 g (0.5)	달걀 60 g (1) 쇠고기 60 g (1)	쇠고기 30 g (0.5)	
채소류	8회	무 35 g (0.5) 고사리 70 g (1) 애호박 70 g (1)	배추김치 40 g (1) 팽이버섯 15 g (0.5) 양파 55 g (0.8) 오이 70 g (1)	대파 15 g (0.2) 숙주 70 g (1) 부추 35 g (0.5) 양파 35 g (0.5)	
과일류	2회				오렌지 100 g (1) 포도 100 g (1)
우유 · 유제품류	1회				요구르트(호상) 100 g (1)
유지 · 당류	4회	유지 · 당류 4회는 조리 시 소량씩 사용			

자료 : 2015년 한국인 영양소 섭취기준 활용 가이드북, 보건복지부, 대한영양사협회

【그림 1-1】 19~64세 여성 권장 식단(1,900 kcal 패턴 B)

【식품군별 대표 식품과 1인 1회 분량】

【표 1-5】 곡류의 주요 식품, 1인 1회 분량 및 1회 분량에 해당하는 횟수

	품목	식품명	1회 분량(g)[1]	횟수[2]
곡류 (300kcal)	곡류	백미, 보리, 찹쌀, 현미, 조, 수수, 기장, 팥	90	1회
		옥수수	70	0.3회
		쌀밥	210	1회
	면류	국수(말린 것)	90	1회
		국수(생면)	210	1회
		당면	30	0.3회
		라면사리	120	1회
	떡류	가래떡/백설기	150	1회
		떡(팥소, 시루떡 등)	150	1회
	빵류	식빵	35	0.3회
		빵(쨈빵, 팥빵 등)	80	1회
		빵(기타)	80	1회
	시리얼류	시리얼	30	0.3회
	감자류	감자	140	0.3회
		고무마	70	0.3회
	기타	묵	200	0.3회
		밤	60	0.3회
		밀가루, 전분, 빵가루, 부침가루, 튀김가루, 믹스	30	0.3회
	과자류	과자(비스킷, 쿠키)	30	0.3회
		과자(스낵)	30	0.3회

삭제한 식품 : 혼합 잡곡, 삶은 면, 냉면국수, 메밀국수
1) 1회 섭취하는 가식부 분량임
2) 곡류 300kcal에 해당하는 분량을 1회라고 간주하였을 때, 해당 1회 분량에 해당하는 횟수

【표 1-6】 고기 · 생선 · 달걀 · 콩류의 주요 식품, 1인 1회 분량 및 1회 분량에 해당하는 횟수

	품목	식품명	1회 분량(g)[1]	횟수[2]
고기 · 생선 · 달걀 · 콩류 (100kcal)	육류	쇠고기(한우, 수입우)	60	1회
		돼지고기, 돼지고기(삼겹살)	60	1회
		닭고기	60	1회
		오리고기	60	1회
		햄, 소시지, 베이컨, 통조림햄	30	1회
	어패류	고등어, 명태/동태, 조기, 꽁치, 갈치, 다랑어(참치)	60	1회
		바지락, 게, 굴	80	1회
		오징어, 새우, 낙지	80	1회
		멸치 자건품, 오징어(말린 것), 새우 자건품, 뱅어포(말린 것), 명태(말린 것)	15	1회
		다랑어(참치통조림)	60	1회
		어묵, 게맛살	30	1회
		어류젓	40	1회
	난류	달걀, 메추라기알	60	1회
	콩류	대두, 완두콩, 강낭콩	20	1회
		두부	80	1회
		순두부	200	1회
		두유	200	1회
	견과류	땅콩, 아몬드, 호두, 잣, 해바라기씨, 호박씨	10	0.3회

삭제한 식품 : 미꾸라지, 민물장어, 넙치, 삼치, 깨(유지류로)
1) 1회 섭취하는 가식부 분량임
2) 고기·생선·달걀·콩류 100kcal에 해당하는 분량을 1회라고 간주하였을 때, 해당 1회 분량에 해당하는 횟수

【표 1-7】 채소류의 주요 식품, 1인 1회 분량 및 1회 분량에 해당하는 횟수

	품목	식품명	1회 분량(g)[1]	횟수[2]
채소류 (15kcal)	채소류	파, 양파, 당근, 풋고추, 무, 애호박, 오이, 콩나물, 시금치, 상추, 배추, 양배추, 깻잎, 피망, 부추, 토마토, 쑥갓, 무청, 붉은 고추 숙주나물, 고사리, 미나리	70	1회
		배추김치, 깍두기, 단무지, 열무김치, 총각김치	40	1회
		우엉	40	1회
		마늘, 생강	10	1회
	해조류	미역, 다시마	30	1회
		김	2	1회
	버섯류	느타리버섯, 표고버섯, 양송이버섯, 팽이버섯	30	1회

삭제한 식품 : 고구마줄기, 근대, 쑥, 아욱, 취나물, 두릅, 머위, 가지, 늙은 호박, 나박김치, 오이소박이, 동치미, 갓김치, 파김치, 도라지, 토마토주스, 파래
1) 1회 섭취하는 가식부 분량임
2) 채소류 15kcal에 해당하는 분량을 1회라고 간주하였을 때, 해당 1회 분량에 해당하는 횟수

【표 1-8】 과일류의 주요 식품, 1인 1회 분량 및 1회 분량에 해당하는 횟수

	품목	식품명	1회 분량(g)[1]	횟수[2]
과일류 (50kcal)	과일류	수박, 참외, 딸기	150	1회
		사과, 귤, 배, 바나나, 감, 포도, 복숭아, 오렌지, 키위, 파인애플	100	1회
		건포도, 대추(말린 것)	15	1회
	주스류	과일음료	100	1회

삭제한 식품 : 망고
1) 1회 섭취하는 가식부 분량임
2) 과일류 50kcal에 해당하는 분량을 1회라고 간주하였을 때, 해당 1회 분량에 해당하는 횟수

【표 1-9】 우유 · 유제품류의 주요 식품, 1인 1회 분량 및 1회 분량에 해당하는 횟수

	품목	식품명	1회 분량(g)[1]	횟수[2]
우유 · 유제품류 (125kcal)	우유	우유	200	1회
	유제품	치즈	20	0.3회
		요구르트(호상)	100	1회
		요구르트(액상)	150	1회
		아이스크림	100	1회

1) 1회 섭취하는 가식부 분량임
2) 우유·유제품류 50kcal에 해당하는 분량을 1회라고 간주하였을 때, 해당 1회 분량에 해당하는 횟수

【표 1-10】 유지 · 당류의 주요 식품, 1인 1회 분량 및 1회 분량에 해당하는 횟수

	품목	식품명	1회 분량(g)[1]	횟수[2]
유지 · 당류 (45kcal)	유지류	참기름, 콩기름, 커피프림, 들기름, 유치씨기름/채종유, 흰깨, 들깨, 버터, 포도씨유, 마요네즈	5	1회
		커피믹스	100	1회
	당류	설탕, 물엿/조청, 꿀	10	1회

삭제한 식품 : 옥수수기름, 당밀/시럽, 사탕
1) 1회 섭취하는 가식부 분량임
2) 유지·당류 45kcal에 해당하는 분량을 1회라고 간주하였을 때, 해당 1회 분량에 해당하는 횟수

(3) 식품교환표를 이용한 식사 구성

① 필요 영양기준량 설정

영양기준량은 전체 급식 대상의 영양기준량 총합을 급식 대상의 총인원 수로 나누어 평균 영양기준량을 결정한다. 급식 대상의 영양기준량을 결정할 때는 연령, 성별, 활동 정도에 따른 영양기준량을 알아야 한다. 에너지, 탄수화물, 단백질, 지방의 1일 필요량을 결정한다. 에너지 구성비는 한국인 영양소 섭취기준인 탄수화물 55~65 %, 단백질 7~20%, 지방15~25%의 비율에 준한다.

② 식품교환표 (food exchange system)

식품교환표는 일상생활에서 섭취하고 있는 식품을 영양소 구성 성분이 비슷한 6가지 식품군으로 나누어 묶는 표이다. 6가지 식품군은 곡류군, 어육류군, 채소군, 지방군, 우유군, 과일군으로 나누어 각 식품군 내에서는 자유롭게 식품을 선택할 수 있다.

1교환 단위는 같은 식품군 내에서 영양소가 비슷하여 서로 바꾸어 섭취할 수 있도록 영양소를 갖는 식품 무게를 정해 놓은 것으로 다음 표 1-11과 같다.

【표 1-11】 각 식품군별 1교환단위당 영양 성분

식품교환군		에너지(kcal)	당질(g)	단백질(g)	지방(g)
곡류군		100	23	2	-
어육류군	저지방	50	-	8	2
	중지방	75	-	8	5
	고지방	100	-	8	8
채소군		20	3	2	-
지방군		45	-	-	5
우유군	일반 우유	125	10	6	7
	저지방 우유	80	10	6	2
과일군		50	12	-	-

(4) 식품교환표를 활용한 식사구성의 순서

① 식품교환표를 이용한 1일 식단 작성법

■ 1단계 : 총에너지와 영양기준량 산출

총에너지, 당질, 단백질, 지방의 필요량을 산정한다. 1일 필요 에너지는 연령, 성별, 활동량, 체중의 증감, 질병의 종류와 정도에 따라 결정한다.

급식 대상 : 성인기 남자 19~64세(2,400kcal)
에너지의 구성비는 당질 55~65%, 단백질 7~20%, 지방 15~30%의 비율로 한다.
- 에너지 구성 비율을 65:15:20으로 적용하여 당질, 단백질, 지방량을 산출한다.
· 당질(65%) : 2,400×0.65÷4≒390g
· 단백질(15%) : 2,400×0.15÷4≒90g
· 지방(20%) : 2,400×0.2÷9≒53g

■ 2단계 : 식품군별 교환단위 수 결정

식품군별 교환단위 수를 계산하여 식품구성을 결정한다(표 1-12).

가. 우유, 채소, 과일군의 교환 수 결정

나. 곡류의 교환 수 결정

다. 어육류의 교환 수 결정

라. 지방의 교환 수 결정

■ 3단계 : 끼니별 배분

하루 세끼와 간식으로 분배한다(표 1-13).

■ 4단계 : 식단 작성(표 1-11)

질병의 종류와 환자의 기호, 음식의 색, 냄새, 모양 등을 고려한 식품을 선정하여 단위 수만큼 중량을 택하여 식단을 작성한다.

【표 1-12】 식품군별 교환단위 수 결정

식품교환군		교환단위수	당질(g)	단백질(g)	지방(g)	에너지(kcal)
우유군	일반 우유	1	10(10)	6(6)	7(7)	125(125)
	저지방 우유	1	10(10)	6(6)	2(2)	80(80)
채소군		8	24(3)	16(2)		160(20)
과일군		2	+24(12) 68 (390-68=322)			100(50)
곡류군		14	322(23)	+28(2) 56 90-56=34		1,400(100)
어육류군	저지방	3		24(8)	6(2)	150(50)
	중지방	1		8(8)	+5(5) 20 (53-20=33)	75(75)
지방군		7			35(5)	315(45)
계			390	88	55	2,405

【표 1-13】 2,400kcal의 끼니별 교환단위 수 배분의 예

식품교환군 끼니	곡류군	어육류군		채소군	지방군	우유군		과일군
		저지방	중지방			일반우유	저지방우유	
아침	4	1		2	2	1		
간식	1							1
점심	4	1	1	3	2			
간식	1			1	1		1	
저녁	4	1		2	2			1
총단위 수	14	3	1	8	7	1	1	2

【표 1-14】 식품교환표를 활용한 2,400kcal 식단의 예

끼니	식단명	재료명	식품교환 수 (1교환량, g)	중량(g)	식품군
아침	기장밥	쌀	3(30)	90	곡류군
		기장	1(30)	30	곡류군
	근대국	근대	0.5(70)	35	채소군
	조기구이	조기	1(50)	50	어육류군(저)
		식용유	1(5)	5	지방군
	콩나물무침	콩나물	0.5(70)	35	채소군
		참기름	1(5)	5	지방군
	김치	배추김치	0.5(50)	25	채소군
	두유	두유	1(200)	200	두유(일반)
간식	떡	인절미	1(50)	50	곡류군
	수박	수박	1(150)	150	과일군
점심	보리밥	쌀	1(30)	30	곡류군
		보리	3(30)	90	곡류군
	북어무국	북어	1(15)	15	어육류군(저)
		무	0.5(70)	35	채소군
	쇠고기볶음	쇠고기	1(40)	40	어육류군(중)
		당근	0.5(70)	35	채소군
		양파	0.5(70)	35	채소군
		참기름	1(5)	5	지방군
	미역오이초무침	미역(생것)	0.5(70)	35	채소군
		오이	0.5(70)	35	채소군
	김치	총각김치	0.5(50)	25	채소군
간식	샌드위치	식빵	1(35)	35	곡류군
		양상추	1(70)	70	채소군
		버터	1(5)	5	지방군
	우유	우유	1(200)	200	우유군(저)
저녁	현미밥	쌀	3(30)	90	곡류군
		현미	1(30)	30	곡류군
	배추국	배추	0.5(70)	35	채소군
	호두멸치볶음	호두	1(8)	8	지방군
		멸치	1(15)	15	어육류군(저)
		식용유	1(5)	5	지방군
	가지나물	가지	0.5(70)	35	채소군
		참기름	1(5)	5	지방군
	깍두기	깍두기	1(50)	50	채소군
	바나나	바나나	1(50)	50	과일군

② 식단표 조정

식단표를 완성한 후 영양가를 분석하여 영양 목표와 적합하지 않을 때는 식단을 수정한다. 예정 단가에 의한 식재료비와 차이가 있을 때는 식단 변경, 또는 식품을 대치하여 단가를 조정한다.

7) 식단계획

식단은 식사계획, 영양계획에 근거하여 적정한 식사의 종류와 양으로 급식 대상자의 기호, 식재료비, 조리 종사원, 조리기기, 시설·설비를 고려하여 작성한다. 급식에서 대량 조리를 계속적으로 취급하기 위하여 식단계획이 급식 운영의 계획서가 되며 계속해서 작업의 지시서로 전개된다.

(1) 식단 작성의 기본

① 메뉴 작성을 작성하기 전 기간 내 특별행사, 기념일, 절기 등을 확인한 후 식단을 작성한다[예: 설날(떡국), 보름(오곡밥), 회사 기념일, 삼복(삼계탕), 추석(송편), 크리스마스 등].

② 급식 대상의 기호도, 나이, 성별, 영양필요량, 조리기기 및 조리 인력 등을 고려한다.

③ 각 해당 계절에 맞는 메뉴로 구성한다.

- 사용 가능한 식재료비를 견적가와 비교하여, 평균값보다 크면 사용을 제한한다.
- 성수기 식품, 제철 식품을 활용하여 결정한다.

④ 인터넷 등의 매스컴을 이용하거나 과거 시행한 메뉴 파일이나 메뉴 인덱스를 이용해 주식과 부찬을 결정한다.

⑤ 정해진 기간 내에서 기호도가 높은 식단을 중심으로 다양한 메뉴를 제공한다.

⑥ 기간 내 동일한 식단을 작성하지 않도록 한다.

⑦ 식재료 및 동일한 조리법이 한 식단에 겹치지 않도록 한다.

【표 1-15】 식단 작성의 예(여름)

월	화	수	목	금
콩밥 햄찌개 고등어자반구이 숙주미나리나물 김구이 김치	보리밥 청국장찌개 갈치구이 콩나물무침 과일샐러드 김치	차조밥 얼갈이배추국 돈육불고기 쌈채류, 청초, 쌈장 무미나리생채 김치, 요구르트	제육덮밥 두부된장국 열무나물 어묵볶음 깍두기 과일	보리열무비빔밥 맑은 된장국 해초무침 무짠지무침

- 평가:
  - 월, 화요일 국류에서 찌개가 연이어 나오면 피급식자는 식재료가 다름에도 같은 음식을 먹는 것으로 인식할 수 있다.
  - 월, 화요일 계속적으로 생선 메뉴가 중복되었으며 숙주와 콩나물은 비슷한 식재료로 인식될 수 있으므로 유의하여야 한다.
  - 수, 목요일에는 돈육을 이용한 식단이 반복되고, 목, 금요일은 열무를 이용한 식단이 겹치므로 급식 대상자들이 식상하게 생각할 수 있다.
  - 금요일에는 채소 위주의 식단으로 단백질이 함유된 식단을 보완한다.
  - 식단표는 급식 대상자가 보는 게시용이므로 정확한 용어와 맞춤법을 사용하고 특정 브랜드명을 사용하지 않는다.

⑧ 식단 작성이 끝나면 레시피(1인 양)를 작성하고 식재료비를 계산하여 예산에 맞는 식단을 완성한다.

(2) 식단 작성

① 식재료

- 제철 성수기 식재료를 사용한다(ex, 봄철 – 임연수어, 냉이, 봄동배추 등).
- 급식소 분위기에 맞춰 기호도 높은 식재료를 사용한다(산업체 중에서 오피스, 공장, 영업소 등 직원들의 특성을 살린 식단 이용).

【표 1-16】 식단 작성의 예(봄)

	월	화	수	목	금	토
점심	흰밥 쇠고기무국 임연수어구이 오이부추생채 김치	보리밥 바지락냉이국 파인애플탕수육 콩나물무침 깍두기	팥밥 동태무국 쇠고기버섯볶음 도토리묵상추무침 김치	차수수밥 호박순두부국 안동찜닭 시금치나물 봄동겉절이	흰밥 쇠고기미역국 낙지볶음, 소면 숙주미나리나물 김치	봄나물비빔밥 달걀국 모둠튀김 김치 요구르트

- 계절별 금지 식재료를 이용한 식단을 제공하지 않는다(표1-17)(예 : 여름철 갑각류 및 상하기 쉬운 콩비지, 생굴 사용 금지).

【표 1-17】 단체급식 제한 식재료 및 식단

기간	종류	종 목
3~10월	패류	소라, 조개, 꼬막, 굴, 석화, 홍합 등
	젓갈류	꼴뚜기젓, 명란젓, 밴댕이젓, 어리굴젓, 오징어젓, 대구아가미젓, 조개젓, 창란젓 등
4~9월	회류 및 알류	광어, 한치, 참치회, 멍게, 해삼, 성게알, 연어알, 미더덕, 홍어, 동태곤이, 닭발, 돼지머리 등
6~9월	어류 및 콩가공품류	꽃게류, 대하, 콩국, 콩비지, 판두부 등
연중 금지	육내장류	선지, 순대, 편육, 족발, 곱창, 간, 천엽(처녑), 닭똥집 등
연중 주의		달걀, 메추리알, 머윗대, 취나물, 원추리, 토란, 두릅, 꽈리고추, 꽃게 등
비고	연중 금지 메뉴	• 삭히는 공정이 포함된 식품 • 생굴 등의 날것의 상태로 제공되는 식품 • 꼬막, 조개 등의 독소를 함유하고 있는 패류 • 족발 등 제조공정의 위생 상태 확인이 어려운 완제품 등
	연중 주의 메뉴	• 조리 공정이 복잡하거나 수작업이 많은 메뉴 • 꽈리고추, 두릅, 원추리, 머윗대, 토란대, 생취 등 미량독소에 의한 장염 유발 식재가 포함된 메뉴 등

자료 : 조선경(2006)

② 조리법

- 색상의 조화와 텍스처의 동일함이 없도록 한다.
- 조리법이 중복되지 않도록 한다.

③ 요일

- 조리원 출근 상황, 조리기구, 명절, 휴일을 고려하여 작성한다.
- 월요일은 전날 전처리가 어려우므로 아침부터 복잡한 식단을 피하고 연휴 뒤의 식단은 조리법이 간단하고 깔끔한 맛의 식단을 구성한다.
- 장기간 보관 가능한 식재료를 이용한 식단을 구성한다.
- 일주일 중 중간 지점인 수, 목요일에는 이벤트 식단이나 특식을 구성한다.

④ 식재료 배분

- 쇠고기, 돼지고기, 닭고기(오리고기), 생선(어패류) 등을 요일별 매 끼니별 고르게 사용한다.
- 단가가 낮은 업장은 다양한 조리법을 개발하도록 한다.

⑤ 영양관리

- 기초 식품군을 이용하여 영양소 상호 간의 조화를 이루도록 한다.
- 급식 대상자의 연령, 성별, 노동 강도를 기준으로 필요한 영양량을 결정한다.

⑥ 식단의 가격 결정

가격은 이익의 원천으로서 총수익에 영향을 주며, 목표 이익을 달성하기 위한 기본요건이 되는 동시에 판매량에 영향을 미친다.

식단 가격을 결정할 때에는 우선 식단표를 작성하여 1인 기준 식재료비를 산출하는 방법을 사용하고 있는데, 각 식품 100g당 단가를 식단에 표시된 식품량에 적용하는 방법으로 식재료비를 산출한다.

예상 단가에 의한 식재료비와 차이가 있을 때는 식단 변경, 또는 식품을 대치하여 단가를 조절한다. 단가에 따른 식단 작성은 아래와 같다(표1-18).

【표 1-18】 식재료비 2,500원 계획 식단 예

끼니 명	식단 명	식재료 명	1인 기준	
			식품량(g)	식재료비(원)
점심	보리밥	쌀	90	146
		보리	30	112
	북어무국	북어채	15	250
		무	35	40
		국간장	3	10
	쇠고기볶음	쇠고기	40	880
		당근	35	60
		양파	35	44
		참기름	5	45
		간장	8	10
	미역오이초무침	물미역	35	60
		오이	35	81
		식초	2	10
		소금	1	5
	김치	총각김치	25	90
	샌드위치	식빵	35	85
		양상추	70	200
		버터	5	60
	우유	우유	200	314
				2,502

출처 : 농산물유통정보(https://www.kamis.or.kr) 2017

⑦ 표준 레시피

표준 레시피는 음식 생산의 과정과 재료 계량에 대한 공식으로 음식의 질을 일정한 수준으로 계속 유지하기 위해서 필요하며, 사용하는 기기, 열원, 재료, 조리의 기술과 능력 등 여러 가지 상황에 따라 다르므로 각자 업장의 특징에 맞도록 개발하는 것이 중요하다.

- 표준 레시피 개발의 장점
  - 생산된 음식의 질과 양의 동일성 유지
  - 조리 종사자들의 생산성 향상
  - 낭비의 감소와 재고량 조절로 비용 감소
  - 식품비 계산의 용이성
  - 조리 종사자 교육의 용이성
- 표준 레시피의 형식
  - 레시피는 20×15cm 정도의 크기로 눈에 쉽게 띄어 읽기 쉽도록 하고 습기가 많은 주방에서도 사용이 가능하도록 비닐이나 코팅을 해서 보관한다.
  - 다량 조리 시에는 사용 재료는 왼쪽에 표시하고, 각 사용 재료에 해당되는 조리과정은 오른쪽에 표시하여 왼쪽에서 오른쪽으로 읽기 쉽도록 한다.

(3) 식단 구분

밥/면	밥류	햄볶음밥, 오징어덮밥, 국밥, 카레라이스, 비빔밥
	면류	냉면, 파스타, 짬뽕, 자장면, 장국국수류. 메밀면
국/탕/찌개	국	콩나물국, 시금치국, 감자국, 무국, 배춧국
	찌개류	동태찌개, 오징어찌개, 순두부찌개, 애호박찌개
	탕류	설렁탕, 갈비탕, 대구탕, 동태매운탕, 추어탕
주찬 : 어육류를 주재료로 100g 이상 제공되는 메뉴	볶음류	쇠고기불고기, 낙지볶음, 쭈꾸미볶음, 버섯볶음
	찜류	갈비찜, 돈갈비떡찜, 해물찜, 꽁치찜, 달걀찜
부찬 : 주찬이 아닌 메뉴	무침류	시금치나물, 도라지무침, 도토리묵무침, 오이무침
	생채류	오이생채, 상추겉절이, 노각생채, 도라지무생채
	조림류	갈치조림, 우엉조림, 연근조림, 두부조림, 콩조림
	적, 전류	떡산적, 게맛살적, 동태전, 부추파전, 녹두전
죽류/떡류/후식류	죽류	팥죽, 호박죽, 약식, 닭영양죽
	떡류	단체급식에 이용할 수 있는 각종 떡
	음료류	식혜, 수정과, 과일화채, 차류
	과일류	각종 계절 과일
	샐러드류	양상추샐러드, 콘샐러드, 멕시칸샐러드, 단호박샐러드, 고구마샐러드, 케이준샐러드, 게맛살샐러드

(4) 이벤트 식단

	봄(3~4월)	초여름(5~6월)	여름(7~8월)	가을(9~11월)	겨울(12~2월)
테마 이벤트	신년맞이 포춘 쿠키 이벤트 쌈밥의 날 샐러드의 날 봄나물의 날 봄향기 이벤트 딸기 페스티벌 개학이벤트 삼겹살데이	체험학습의 날 분식의 날 건강쌈밥 이벤트 6 · 25 체험의 날	아이스크림day 체력증진의 날 과일의 날 바캉스 이벤트 녹차면 이벤트 통수박 이벤트 보양식 이벤트 유기농 이벤트	즉석요리의 날 체육대회 날 가을 맞이 장어 요리 이벤트 가래떡데이(농업인의 날) 수능 파이팅 김치의 날	크리스마스 새해맞이 떡 이벤트 졸업 첫눈 페스티벌 어묵/붕어빵의 날 방학 이벤트
	세계 음식 체험의 날 향토 음식의 날 수 · 다 · 날 (수요일은 다 먹는 날) 사랑한다면 데이(면요리 먹는 날)				
절기	경칩	단오	삼복 칠월칠석	한가위	동지 설날 정월대보름

(5) 식단 작성 및 식단 분석 실습 실제

① 식단 작성 실습

- 중식을 기준으로 부록의 단체급식 요리 목록표를 활용하여 작성한다.

〈식단 작성 단계〉

1단계: 주찬 결정 - 단백질 급원 식품(육류, 어패류, 난류, 콩제품 등)

주 \ 요일	월	화	수	목	금
1					
2					
3					
4					

분류: 쇠고기( )회, 돼지고기( )회, 닭 ( )회, 오리( )회, 수산물[어류, 갑각류] ( )회, 콩제품( )회, 기타( )회
결정/ 20회

2단계: 조리법 결정-구이, 찜, 조림, 전, 볶음, 튀김, 삶기, 오븐구이 등

주 \ 요일	월	화	수	목	금
1					
2					
3					
4					

분류 : 구이( )회, 찜( ) 회, 조림 ( ) 회, 전( )회, 볶음( )회, 조림( )회, 볶음( )회, 튀김( )회,
오븐구이( )회, 기타 ( )회 결정/ 20회

3단계: 주찬 음식명 결정

주 \ 요일	월	화	수	목	금
1					
2					
3					
4					

4단계: 부찬 음식명 결정

주 \ 요일	월	화	수	목	금
1					
2					
3					
4					

참고: 주찬의 재료와 조리법의 중복이 없도록 부찬을 1~2 정함

5단계: 국(탕), 찌개 등 음식명 결정

요일 / 주	월	화	수	목	금
1					
2					
3					
4					

참고: 주찬과 부찬과 조화를 이룰 수 있는 국(탕), 찌개 선정

6단계: 주식 음식명(밥류, 국수류 등) 결정

요일 / 주	월	화	수	목	금
1					
2					
3					
4					

참고: 주찬과 부찬과 조화를 이룰 수 있는 국(탕), 찌개 선정한 후 이들과 텍스처, 향미, 색 등을 고려하여 함께 어울리는 주식류 선정

7단계: 김치류, 장아찌류 음식명 결정

요일 / 주	월	화	수	목	금
1					
2					
3					
4					

참고 : 주찬과 부찬과 조화를 이룰 수 있는 국(탕), 찌개 선정한 후 이들과 텍스처, 향미, 색 등을 고려하여 함께 어울리는 김치류, 장아찌류 선정

8단계: 후식류, 과일류 결정

요일 / 주	월	화	수	목	금
1					
2					
3					
4					

참고: 전체 식단에 어울리는 후식류, 과일류 선정

9단계: 월간 예정 식단표

요일 / 주	월	화	수	목	금
1					
2					
3					
4					

② 요일별 식단 분석

• 개선 전

	월	화	수	목	금
식단					

• 평가

※ 조원들과 함께 식단을 평가해 본다.

• 개선 후

	월	화	수	목	금
식단					

③ 끼니별 식단 분석 예

- 개선 전

조식	중식	석식

- 평가

※ 조원들과 함께 식단을 평가해 본다.

- 개선 후

조식	중식	석식

④ 레시피 작성

개인별로 작성한 식단을 가지고 각각의 레시피를 작성해 본다. 레시피 작성 표 예시가 다음 표 1-19와 같다.

【표 1-19】 레시피 의 서식 예

음식명 :

재료명	재료량(kg)		만드는 방법	영양가 분석 (1인분)	
	구입 시 중량(AP)	가식부량(EP)			
				에너지(kcal)	
				탄수화물(g)	
				단백질(g)	
				지방(g)	
				비타민 μg(RAE)	
				비타민 B_1(mg)	
				비타민 B_2(mg)	
				비타민 C(mg)	
				칼슘(mg)	
				철(mg)	
				나트륨(mg)	
총량			조리 후 총량(100인분)		
비고				사용 장비	
				조리 온도(℃)	
				오븐 사용 조건	

02 식재료 구매관리

작업 지시용 식단표에 따라 식재료 계획을 세운다.

식재료 계획은 단체급식에서 식사계획에 의하여 식재료를 구입하고 식품의 특성에 맞는 방법으로 보관하는 것을 말한다.

즉 정해진 예산 범위 내에서 가능한 한 신선하고 좋은 식품을 필요한 시기에 적정량을 적정 가격에 구입하는 것으로, 사용할 때까지 그 품질을 보존하면서 안전하게 보관하는 것을 말하며 기본이 되는 매우 중요한 관리이다.

특히 계절적인 변화 및 사회적 상황(조류독감 등), 시장 상황에 따라 변화되므로, 식품의 유통경로에 대한 지식은 물론 식품의 감별법, 계절 식품에 대한 지식과 식품의 보존 방법과 기간 등에 관한 지식도 있어야 한다.

식품 구매는 음식을 생산하는 데 필요한 물품을 확보하는 기능으로써 구매, 검수, 저장, 재고관리가 포함된다.

1) 식재료 업체 선정 조건

업자를 선정함에 있어서 양심적이고 신뢰성 있는 납품업자여야 하며 다음의 조건을 검토하여 결정한다

① 업자의 경영 내용이 건전한가.

② 시설에 따른 종업원의 위생관리를 철저히 하는가.

③ 식재료의 품질에 따른 가격이 적정한가.

④ 식재료의 보관설비, 냉방 탑차가 정비되어 있는가.

⑤ 배송 능력이 우수한가.

또한, 납품업자의 선정은 과거의 거래 실적, 신용도, 견적서 등의 개관적인 자료를 통하여 적합성을 비교·검토하여 결정한다.

2) 구매 방법

식품의 구매 방법에는 시장 조건, 구입량, 시설의 규모, 식단 형태 등에 따라 매우 다양하다. 구매 방법의 방식에 따라 다음과 같이 구분할 수 있다.

(1) 중앙 구매 (central purchasing), 중앙 구매, 일괄 구매

기관 내의 구매부서에서 필요한 급식재료를 일괄 수집하여 구매하는 방식으로 일관된 구매 방침이 있고, 구매 비용이 절감되는 효과는 있지만 긴급 사항 시에 어려운 점과 절차가 복잡한 것이 단점이다.

(2) 독립 구매(independent purchasing), 분산 구매(decentral purchasing)

조직의 부서에서 필요한 급식재료를 독자적으로 구매하는 방식으로 구매 절차가 간단하고 능률적이며 긴급 수요 시 유리한 반면에 경비가 많이 들고 구매 단가가 높아질 수가 있다.

(3) 공동 구매(group purchasing)

대량 구매의 장점을 실현하기 위하여 복수의 소매업자가 모여서 공동으로 협력하여 구매하는 방식으로 대량 발주에 의한 원가 절감 효과가 있으며 전문 구매 담당자에 의한 엄밀한 상품 선정을 할 수 있다.

3) 발주

발주란 구매부서에서 공급업체에 물품을 주문하는 과정을 말한다. 발주 시기는 사용당일 납입하는 것을 원칙으로 하여 1주일 분량을 모아서 특정 요일에 발주하는 방법, 3일에서 수일 전에 발주하는 방법 등이 있다.

■ 발주 방법

폐기 부분이 없는 식품의 발주량 = 1인 분량 × 예상 식수

예) 깍두기 1인 분량은 50g이고 예상 식수가 300식인 경우, 깍두기의 발주량을 계산하시오.

▶ 깍두기 발주량 = 50g ×300식 = 15kg

폐기 부분이 있는 식품의 발주량 = 1인 분량 × 출고계수* × 예상 식수

$$* 출고계수 = \frac{100}{100 - 폐기율}$$

예) 깍두기 1인 분량은 50g이고 예상 식수가 300식이다.
무의 원재료의 폐기율은 10%일 때 깍두기의 발주량을 계산하시오.

▶ 무의 출고계수 =100/(100-10) =1.11

▶ 깍두기 발주량 = 50g × 1.11 ×300식 = 16.6kg ≒ 17kg

4) 검수

품질, 수량, 신선도, 위생 상태 및 단가와 일치되었는가를 확인하여 적절한 물품을 수령하고 확인하는 업무이다.

(1) 검수 방법

① 전수 검사: 납품된 식재료를 하나하나 검사하는 방법이다.

② 발췌 검사법: 납품된 식재료 중에서 견본을 뽑아서 검사한다. 현장에서 많이 쓰는 방법이다.

③ 검수는 영양사 또는 영양사가 선입한 대리인이 실시하며, 대리인이 검수할 경우에는 영양사가 최종 확인한다.

④ 식재료 및 부재료 검수는 입고 즉시 대면검수, 복수검수를 실시한다.

(2) 검수 시 유의사항

① 적절한 검수 설비 및 기기를 구비한다.

② 정확한 검수가 되도록 충분한 검수 시간을 확보한다.

(3) 반품

식재료 검수 결과 신선도, 품질 등에 이상이 있거나 규격기준에 맞지 않는 식재료는 반품하고, 검수 기준에 맞는 식재료로 재납품할 것을 지시한다. 반품 시에는 반품 확인서를 발행하며, 반품이 재발하는 업체에 대하여서는 납품 참여 제한 등 재조치 방안을 강구토록 한다.

5) 보관

(1) 보관 조건, 보관 기간별 식품 분류

식품 종류	보관 조건	보관 온도	보관 기간	식품 예
신선식품 (당일 소비식품)	냉장보관	0~10℃	1~3일	생선, 육류, 채소, 과일, 우유, 달걀, 두부, 생면
저장식품 (상비식품)	실온	1~35℃	1주~1년	쌀, 파스타(스파게티면), 건조식품, 병조림, 유지류, 조미료
냉동식품	냉동	-18℃	3개월~2년	냉동생선, 냉동육, 냉동채소, 냉동과일, 냉동튀김, 냉동크로켓

(2) 보관 장소

① 검수 후 식품은 곡류, 채소, 어육류, 건어물류, 조미료, 유제품, 반가공품, 가공제품, 냉동식품 등으로 창고를 구분하여 저장하고 그 밖에 생선 박스, 우유 박스, 빵 박스 등 빈상자를 저장하는 공간도 필요하다.

② 건조창고

- 건냉하고 통풍이 잘되고 직사광선이 닿지 않도록 한다.
- 해충의 침입을 방지하는 방충망을 설치한다.
- 살균등은 종업원에게 직접 닿지 않도록 설치한다.
- 식재료, 소모품, 세제류는 구분하여 보관한다.
- 식품 보관 선반은 청소에 용이하도록 바닥, 벽으로부터 15cm 이상 공간을 띄운다.

- 유통기한을 반드시 확인 후에 진열하고 선입선출을 한다.
- 식품 보관 시 동일한 식재료일지라도 제조업자 또는 포장단위에 따라서 보관 기준이 다를 수 있다.

③ 냉장·냉동고

- 냉장고 용량의 70% 이하로 적정량을 보관하여 적정 온도가 유지되도록 한다.
- 제품의 표시 사항을 확인한 후에 이에 적합하게 보관한다.
- 오염 방지를 위하여 날 음식은 냉장고 하부에, 가열조리 식품은 위쪽에 구분하여 보관한다.
- 냉장·냉동고의 모든 식재료는 밀폐 용기를 이용하여 밀봉 보관하거나 덮개를 덮어 보관하여 오염을 방지한다.
- 냉장고는 5℃ 이하, 냉동고는 -18℃ 이하의 내부 온도가 유지되도록 하고, 확인 후에는 기록하고 이상이 생길 때는 즉시 조치한다.
- 냉장고는 위생 기준에 근거 정기적으로 세척하고, 고장의 유무를 살피고 성애 제거는 정기적으로 실시한다.

④ 유통기간 관리

- 식품의 유통기한은 판매가 허용되는 기간을 의미하며, 식품의 제조일로부터 소비자에게 판매가 허용되는 기한을 말한다. 이 기한 내에서 적정하게 보관·관리한 식품은 일정 수준의 품질과 안전성이 보장된다.
- 유통기한 초과된 식재료 보관 및 식재료 사용 시 1차 영업정지 15일, 2차 영업정지 1월, 3차 영업정지 3월의 행정 처분이 있다.
- 급식소 내 모든 식재료 및 첨가물은 유통기간을 점검해야 한다(조리원 간식, 샘플 포함).

6) 저장

(1) 저장관리의 원칙

① 저장 위치 표시의 원칙: 저장된 물품의 위치를 정확히 알도록 한다.

② 품질 보존의 원칙: 온도나 습도 조절과 곤충 등에 의한 품질 저하가 없도록 주의하여야 한다.

【표 1-20】 냉장 · 냉동 온도관리 서식 예

<table>
<tr><th rowspan="3">요일
(일자)</th><th rowspan="3">확인
시간</th><th colspan="4">온 도 (℃)</th><th rowspan="3">청결도
확 인</th><th rowspan="3">덮개
확인</th><th rowspan="3">분리보관
여 부</th><th rowspan="3">점검자
서 명</th></tr>
<tr><th colspan="2">식품저장용</th><th rowspan="2">보존
식용</th><th rowspan="2">비고</th></tr>
<tr><th>냉장고</th><th>냉동고</th></tr>
<tr><td rowspan="3">월
(/)</td><td>AM06:00</td><td></td><td></td><td></td><td></td><td></td><td></td><td></td><td></td></tr>
<tr><td>AM11:00</td><td></td><td></td><td></td><td></td><td></td><td></td><td></td><td></td></tr>
<tr><td>PM05:00</td><td></td><td></td><td></td><td></td><td></td><td></td><td></td><td></td></tr>
<tr><td rowspan="3">화
(/)</td><td>AM06:00</td><td></td><td></td><td></td><td></td><td></td><td></td><td></td><td></td></tr>
<tr><td>AM11:00</td><td></td><td></td><td></td><td></td><td></td><td></td><td></td><td></td></tr>
<tr><td>PM05:00</td><td></td><td></td><td></td><td></td><td></td><td></td><td></td><td></td></tr>
<tr><td rowspan="3">수
(/)</td><td>AM6:00</td><td></td><td></td><td></td><td></td><td></td><td></td><td></td><td></td></tr>
<tr><td>AM11:00</td><td></td><td></td><td></td><td></td><td></td><td></td><td></td><td></td></tr>
<tr><td>PM05:00</td><td></td><td></td><td></td><td></td><td></td><td></td><td></td><td></td></tr>
<tr><td rowspan="3">목
(/)</td><td>AM 06:00</td><td></td><td></td><td></td><td></td><td></td><td></td><td></td><td></td></tr>
<tr><td>AM11:00</td><td></td><td></td><td></td><td></td><td></td><td></td><td></td><td></td></tr>
<tr><td>PM05:00</td><td></td><td></td><td></td><td></td><td></td><td></td><td></td><td></td></tr>
<tr><td rowspan="3">금
(/)</td><td>AM06:00</td><td></td><td></td><td></td><td></td><td></td><td></td><td></td><td></td></tr>
<tr><td>AM11:00</td><td></td><td></td><td></td><td></td><td></td><td></td><td></td><td></td></tr>
<tr><td>PM05:00</td><td></td><td></td><td></td><td></td><td></td><td></td><td></td><td></td></tr>
<tr><td colspan="2">관리기준</td><td colspan="8">• 냉장실 5℃ 이하, 냉동실 -18℃ 이하
• 냉장 · 냉동고가 2개 이상일 경우, 각각의 냉장고에 대해 작성</td></tr>
<tr><td colspan="2">검색방법</td><td colspan="8">• 냉장 · 냉동고의 온도 측정
• 빈도 : 1식 제공 시 2회/일(출근 후, 퇴근 전)
2식 제공 시 3회/일 측정</td></tr>
<tr><td colspan="2">개선조치</td><td colspan="8">• 냉장 · 냉동고 온도 조정</td></tr>
<tr><td colspan="10">* 참고 : 양호(○), 보통 (△), 나쁨 (X)

확인자 성명 :

확 인 일 자 :</td></tr>
</table>

③ 분류 저장의 원칙: 저장되는 물품은 종류별, 구역별로 분류하여 저장하여야 한다.

④ 선입선출의 원칙: 먼저 입고한 물품은 먼저 출고하여 사용한다는 원칙이다.

(2) 냉장·냉동 보관 방법

① 적정량을 보관함으로써 냉기 순환이 원활하여 적정 온도가 유지되도록 한다(냉장·냉동고 용량의 70% 이하).

② 냉장·냉동고에 식품을 보관할 경우에는 반드시 그 제품의 표시 사항(보관 방법 등)을 확인한 후 그에 맞게 보관한다.

③ 오염방지를 위해 날 음식은 냉장실의 하부에, 가열조리 식품은 위쪽에 보관한다.

④ 보관 중인 재료는 덮개를 덮거나 포장하여 보관 중에 식재료 간의 오염이 일어나지 않도록 유의한다.

⑤ 냉동·냉장고 문의 개폐는 신속하고, 필요 최소한으로 한다.

⑥ 선입선출의 원칙을 지켜 보관한다.

⑦ 개봉하여 일부 사용한 통조림류는 깨끗한 용기에 옮겨 담아 냉장 보관한다.

⑧ 냉장고는 5℃ 이하, 냉동고는 -18℃ 이하의 내부 온도가 유지되는가를 확인·기록하며, 이상이 있을 시는 즉시 조치한다.

(3) 상온 보관 방법

① 정해진 곳에 정해진 물품을 구분하여 보관한다.

② 식품과 식품 이외의 것을 각각 분리하여 보관한다.

③ 선입선출이 용이하도록 보관·관리한다.

④ 식품 보관 선반은 바닥, 벽으로부터 15cm 이상의 공간을 띄워 청소가 용이하도록 한다.

⑤ 대포장의 제품을 나누어 보관할 때는 제품명과 유통기한을 반드시 표시한다.

⑥ 장마철 등 높은 온·습도에 의하여 곰팡이 피해를 입지 않도록 한다.

⑦ 유통기한이 있는 것은 유통기한 순으로 사용할 수 있도록 유통기한이 짧은 것부터 진열하며, 유통기한의 라벨이 보이도록 진열한다.

⑧ 식품 보관실에 세척제, 소독액 등의 유해물질을 함께 보관하지 않는다.

【표 1-21】 발주서 서식 예

<table>
<tr><td rowspan="3">일일 발주서 / 검수 일지</td><td rowspan="2">결재</td><td>담당</td><td>점장</td><td rowspan="3">출력일자 : 20 -05-10
출력시간 : 13:56:05
출력자 : ○ ○ ○
PAGE NO : 1 of 1</td></tr>
<tr><td></td><td></td></tr>
<tr><td></td><td></td><td></td></tr>
<tr><td>점포명 : △△△ 점</td><td colspan="3">식재 입고일 : 20 년 05월 10일(목)</td><td>발주구분 : 정상</td></tr>
</table>

식재코드	식재명	규격	메뉴 제공일	발주량	검수결과 (적합, 부적합 O, X)
250014	열무	kg	10	2.00	
250033	오이	kg(커팅)	10	0.50	
251034	감자	kg(손으로 깐 것, 약 180g)	11	2.00	
251036	무	kg	11	0.90	
251643	대란(위생란)	PK, (30ea)	11	0.30	
253637	애플드레싱	EA(2kg)	10	1.00	
253631	당근(특품)	kg(씻은)	11	0.30	
254153	모듬새싹 4종	kg(새싹채소)	11	1.00	
255106	마요네즈	PK,(2kg)	10	0.30	
255573	동그랑땡	PK,(약 11g×85~90ea)	10	3.00	
256266	구운조미김	PK,(10ea×2.5g)	11	3.00	
256404	깍두기	kg(특)	11	2.00	
256439	어묵	PK.(1kg)	11	0.90	
880115	소시지	EA(500g)	11	3.00	

<table>
<tr><td>검수기준</td><td colspan="5">1. 고유의 색을 유지하고 이미(異味)나 이취(異臭) 등이 없어야 한다.
2. 이물질이 검출되지 않아야 하며 변질되지 않아야 한다.
3. 발주서의 사양과 동일한 품목이 입고되었는지 확인한다.
4. 표장 상태는 파손이 없어야 한다.
5. 표시사항(유통기한, 원산지, 보관기준)이 적법하게 기록되었는지 확인한다.
6. 냉동식품의 경우 녹았다 얼린 흔적이 없어야 한다.</td></tr>
<tr><td rowspan="2">부적합 조치사항</td><td>식재명</td><td>수량</td><td colspan="2">부적합사항</td><td>조치사항</td></tr>
<tr><td></td><td></td><td></td><td></td><td></td></tr>
<tr><td>배송차량 확인 (주1회 이상)</td><td colspan="2">1. 차량 내부 청결상태 확인
2. 냉각기 가동여부</td><td colspan="3">냉장 : ℃, 냉동 : ℃</td></tr>
<tr><td colspan="6">※ 세부적인 식재품질 및 선도에 관한 기준이 필요한 경우 '상품품질기준' 참조
※ 검수 결과는 적합/부적합 또는 ○, ×로 기재되어야 하며, 부적합이나 ×로 표기한 상품의 경우 반드시 부적합 조치사항에 기록하도록 한다.</td></tr>
</table>

【표 1-22】 검수일지 서식 예

【검수일지】

아래와 같이 검수합니다.
검수일자 : 20　년 6월 2일　중식
검 수 자 :　　　　(인)
　　　　　　　　　(인)

결재		계	교감	교장

○○ 초등학교　　　　귀하

No	식재명	적요	단위	수량	금액	원산지	포장상태	식품온도	유통기한 제조일	품질상태	업체명	조치사항
1	김치/배추김치	국내산	kg	33.0	89,100						(주)○○농산	
2	고추/풋고추, 개량종	국내산	kg	1.2	9,204						△△농산(주)	
3	당근/생것	국내산	kg	2.2	4,400						△△농산(주)	
4	마늘/생것.(국내산)	꼭지딴마늘	kg	1.6	8,880						△△농산(주)	
5	양파/생것, 국내산	깐것	kg	5.0	8,300						△△농산(주)	
6	찹쌀/백미	국내산농협	kg	13.0	49,400						△△농산(주)	
7	찹쌀/현미	국내산	kg	2.0	7,400						△△농산(주)	
8	파/대파	국내산	kg	2.3	6,785						△△농산(주)	
9	고춧가루/고춧가루	산내마을	kg	1.0	19,000						◇◇푸드	
10	물엿/물엿	흑물엿(제당)	kg	6.0	9,900						◇◇푸드	
11	청주/청주	두산	kg	1.8	8,500						◇◇푸드	
12	다시마/말린것	국내산	kg	1.0	8,500						○○수산	
13	멸치/자건품(큰멸치)	국내산	kg	3.0	28,500						○○수산	
총금액					257,869							
검수자 :		특기사항 :										

* 원산지, 포장상태, 식품온도, 유통기한/제조일, 품질상태는 검수 시 직접 게재

【표 1-23】 시장조사서 서식 예

20　년 07월 16일 ~ 20　년 07월 31일

품 목	규격	단위	전주시세	금주시세	견적가	구매가	비 고
배 추	상품	Kg	600	600	700	600	
무	상품	Kg	500	600	600	600	
양배추	상품	Kg	700	700	800	700	
양 파	상품	Kg	700	700	700	700	국산
대 파	상품	Kg	1,500	1,500	1,500	1,500	
세척당근	상품	Kg	1,300	1,300	1,500	1,300	
피감자	상품	Kg	1,300	1,300	1,500	1,300	국산
손감자	상품	Kg	1,600	1,600	2,500	1,600	
오 이	상품	Kg	1,500	1,500	2,000	1,500	
비 름	상품	Kg				-	시세
호 박	상품	Kg	900	900	900	900	
애호박	상품	Kg	1,000	1,100	2,000	1,100	
얼갈이	상품	Kg	1,000	1,000	1,000	1,000	
풋고추	상품	Kg	3,000	3,000	5,000	3,000	

※ 시장조사를 실시한 후 작성한 식단의 식재료 구매가격을 조사한다.

자료: 롯데 칠성음료(주)

【표 1-24】 구매의뢰서 서식 예

【구매의뢰서】

결재			

신청일 :　　년　월　일　　　　　　납품일 :　　년　월　일

번 호	품　명	단 위	규 격	수 량	비 고	
					예상단가	구매기준

위와 같은 물품이 소요되오니 구매하여 주시기 바랍니다.

구매 의뢰자 : 부서　　　　직위　　　　성명　　　㊞

【표 1-25】 검수일지 서식 예

【검수일지】

결재			

납품 일자 : 　　　　년　　월　　일(　　요일)
검수 장소 : 급식실

품명	납품업체명	단위	수량	단가	금액	물품신선도			비 고
						상	중	하	

상기와 같이 검수하였음.

년　　월　　일
검수자 : 직위 ○ ○ ○ ㊞
검수자 : 직위 ○ ○ ○ ㊞

03 조리 및 작업관리

1) 조리

(1) 대량 조리법의 종류 및 특징

조리법	구분	특징
물을 이용한 조리법	끓이기	• 100℃ 끓는 물에서 가열하는 방법이다(물의 양을 충분히 한다). • 조리기구가 크거나 대량 조리일 경우는 중심까지 끓고 있는지를 확인하여야 한다. • 식품이 골고루 익을 수 있도록 수시로 잘 저어준다.
	데치기	• 100℃의 끓는 물에서 단시간 가열하는 방법이다. • 조리해야 할 식품의 양이 많을 경우 여러 번 나누어 조리한다. • 한 번 데친 물에는 이물질이 포함되어 있으므로 다른 조리에 이용하지 않는다. • 데친 후 냉수에 담글 경우 오염되지 않은 물을 사용한다.
	찌기	• 100℃ 이상의 수증기 열로 가열한다. • 찌는 데 이용하는 물은 오염되지 않은 깨끗한 물을 이용한다. • 천을 깔고 쪄야 할 경우 세척하여 소독된 천을 이용한다.
기름을 이용한 조리법	튀기기	• 150℃~250℃로 가열한다. • 두께가 두꺼운 식품을 가열할 때는 중심부까지 충분히 익어야 하므로 150℃~170℃로 먼저 익힌 후 서서히 기름의 온도를 높인다.
	볶기	• 조리해야 할 식품의 크기가 클 경우 단시간 내에 조리하면 식품의 내부가 익지 않으므로 주의한다. • 가능하면 식품의 부피를 작게 한다.
공기를 이용한 조리법	구이	• 150℃~250℃로 가열한다. • 고온에서 가열할 때 식품 표면은 타고 내부는 익지 않을 수 있으므로 주의한다. • 두께가 두꺼운 식품을 가열할 때는 중심부까지 균일하게 가열되지 않으므로 조리를 하면서 수분을 보충하고 뚜껑을 덮어 가열한다. • 컨벡션 오븐은 식품 내부까지 골고루 익힐 수 있고 다량의 음식을 단시간에 조리하는 장점이 있다.

(2) 단체급식에서의 조리 방법

가열조리 식품은 중심부가 육류 75℃ 이상으로 가열하는지를 온도계로 확인하고, 온도와 시간을 기록하며, 튀기기, 구이 및 찜, 조림 및 볶음, 데침 등 모든 가열조리 시에 온도 확인을 실시한다.

① 주식

급식에서 밥은 품질 좋은 쌀의 선택, 쌀의 불린 정도, 쌀과 물의 분량, 취반 기구, 불 조절, 밥 짓는 시간 등에 영향을 받는다.

【표 1-26】 밥류의 조리법

음식명	조 리 법
흰밥	처음부터 알맞은 분량의 물을 부어 그대로 밥을 지으면 영양분 손실이 없어서 좋다.
보리밥	보리를 미리 삶아서 쌀과 섞어 밥을 짓고, 흰밥보다 뜸을 더 들여야 한다. 쌀 양의 10% 정도 혼합하면 잡곡밥에 대한 큰 거부감이 없다.
차조밥	추운 계절에는 곡물 중에서 양의 기가 가장 강한 차조밥을 지어 먹는 것이 좋다. 차조는 눋기 쉬우므로 쌀을 먼저 씻어 넣고 조를 위에 얹어 밥을 지은 후 배식 때 혼합한다.
오곡밥	잡곡을 같이 혼합하여 지으면 타거나 질기가 쉽다. 쌀과 찹쌀은 팥물로 짓는 것이 색이 아름답다. 또한, 소금을 넣는 것을 잊지 말아야 한다. 이때 소금의 양은 쌀 1.6kg에 10~15g 정도가 알맞으며 쌀과 찹쌀의 비율은 1:1이 적당하다.
밤밥	가을의 계절 음식으로 밤을 잘게 잘라 밥을 짓고 밥과 골고루 혼합하여 배식한다. 밥을 지을 때 쌀의 10% 정도 찹쌀을 혼합하여 지으면 더욱 좋다. 물의 양은 흰밥보다 적게 넣는다.
감자밥	감자밥을 지을 때는 소금을 조금 뿌리고 쪄서 밥과 섞어서 배식하면 감자가 으깨지지 않아서 좋다.
팥밥	팥을 우르르 삶아 물을 버리고 다시 물을 받아 팥을 삶는다. 이때 삶은 물을 버리지 않고 그 물을 이용하여 밥을 짓고, 찹쌀을 10% 정도 넣으면 밥맛이 더욱 좋아진다.

② 국

국물 음식이며 급식에서는 토장국을 많이 이용하는 편이고 건더기는 국물의 1/3, 1인당 60~100g이 적당하다. 육류의 탕거리는 질긴 부분을 쓰며, 고기의 수용성 단백질, 지방, 무기질, 엑기스(고기 멸치 등 추출성분) 등이 최대한 국물로 우러나도록 하며, 소금, 간장을 소량 넣고 찬물을 넣고 3~4시간 끓인다.

고기장국을 끓일 때는 다진 고기에다 양념을 해서 먼저 고기를 살짝 볶은 다음에 물을 붓고 끓이면 고기의 비린 냄새를 없앨 수 있다. 멸치를 우려내어 국물을 만드는 경우, 멸치국물의 특유한 맛 성분인 inosinic acid는 95℃ 온도에 멸치를 넣고 오래 끓이지 않고 멸치를 건져 내야 국물이 맑고 비린내를 줄일 수 있다.

식이섬유가 적은 채소류는 국에 넣을 때 따로 데쳐서 배식하기 전에 넣어 끓이고 배추시래기와 같이 식이섬유가 많은 채소는 따로 된장이나 국간장으로 양념하여 주물러서 처음부터 넣고 끓인다. 국을 조리법으로 분류하면 맑은장국, 토장국, 냉국(찬국), 곰국으로 나눌 수 있다.

- 토장국은 된장을 걸러내고 끓인 국으로 된장 맛이 토장국의 맛을 좌우하고 뭉근하게 오래 끓일 때 좋은 맛이 난다. 된장으로만 간을 맞출 경우 떫은맛이 나므로 국을 끓인 후 소금으로 뒷간을 하면 맛이 시원하다. 토장국에 고추장을 조금 섞으면 칼칼한 맛을 돋울 수 있고, 마지막에 대파를 잘게 잘라 넣도록 한다.

음식명	조 리 법
배추된장국	단배추 또는 열무를 데쳐 잘게 잘라 된장을 버물린 후 다시멸치, 건다시마를 이용하여 낸 국물에 넣어 오랫동안 끓인다. 기호에 따라 조갯살을 넣는다.
콩나물 된장국	다시멸치, 건다시마를 이용하여 낸 국물에 콩나물을 넣어 한 번 살짝 끓인 후 콩나물의 아삭한 맛이 살아 있도록 한다. 기호에 따라 조갯살, 미더덕, 두부 등을 넣는다.
시금치 (아욱, 근대) 된장국	다시멸치, 건다시마를 이용하여 낸 국물에 시금치를 넣어 오랫동안 끓인다. 기호에 따라 조갯살, 건새우, 보리새우을 넣으면 좋으나 건새우 일부는 건져 내어 약간만 국물에 남겨 둔다(보리새우를 가루로 내어 사용하면 남김없이 섭취할 수 있다).

• 맑은 장국은 다시마를 넣어 끓임으로써 감칠맛이 나고, 끓인 후 일부를 들어내는 것이 국물이 너무 검어 보이지 않게 하는 요령이다. 다시마는 뜨거운 물에 펄펄 끓이기보다는 따뜻한 물에 우려내는 것이 더욱 감칠맛이 난다. 간은 소금으로 하고 색은 간장으로 한다. 비빔밥과 같은 일품음식이 나갈 때 주로 곁들이는 국으로 고명을 얹어 모양을 내는 것이 색스럽고 먹음직스럽다. 또한, 배식 직전 파를 잘게 잘라 넣으면 입맛을 돋우는 역할을 한다.

음식명	조 리 법
달걀탕	다시멸치, 건다시마를 이용하여 낸 국물에 달걀 푼 물을 골고루 끼얹고 한소끔 끓인 후 국자로 저어 주도록 한다. 기호에 따라 조갯살을 넣는다.
두부탕국	다시멸치, 건다시마, 조갯살 등을 이용하여 낸 국물에 두부를 작은 깍둑썰기를 하여 넣어 끓인다. 해물과 육류의 혼합보다는 해물은 해물끼리 육류는 육류만으로 끓이는 것이 맛이 좋다. 두부를 넣은 후 너무 오래 끓이면 국물이 탁해져서 시각적으로 맛이 저하된다.
쇠고기무국	쇠고기, 통무, 썰지 않은 대파를 이용하여 국물을 낸 후 파와 무, 거품을 걷어내고, 다시 얄팍하고 납작하게 썬 무를 넣어 오랫동안 끓인다.

• 곰국

고기의 핏물을 빼고 오래 끓이는 국, 특히 돼지 뼈를 같이 사용할 때는 국물이 더욱 뽀얗게 우러난다. 곰국에 통생강, 통마늘, 통양파, 통감자, 무, 대파를 넣고 고면 누린 맛을 제거할 수 있다.

음식명	조 리 법
설렁탕	소뼈와 쇠고기는 찬물에 담가 핏물을 우려내고, 처음 끓인 물은 버린 후 이용한다. 사골만 이용하는 것보다는 잡뼈를 약간 넣은 것이 좋으며, 3회 이상 국물을 우려내야 색깔과 제맛이 난다. 식었을 때 기름기를 걷어 내면 국물이 깨끗하게 된다. 기호에 따라 쇠고기 편육, 소면 또는 당면을 넣는다.

• 찬(냉)국

오이냉국이나 콩나물냉국 등 더운 여름에 시원하게 하여 먹는 것으로 물을 끓여서 차게 식혀 이용한다.

③ 전골

전골은 먹는 자리에서 불과 전골 냄비를 준비하고 양념한 고기나 채소를 곁상에 준비해 놓고, 먹을 때 끓여서 먹는 음식이다.

④ 찌개

건더기가 찌개 양의 2/3 정도이고 국물의 양이 국보다는 적은 음식이다. 적온 급식이 이루어져야 한다. 양념류는 담백하고 시원한 국물맛을 내도록 하며, 해산물을 이용할 때는 파, 마늘을 조금 더 사용해야 하고 불 조절은 센 불에서 단시간 끓여야 맛이 있다. 조치는 궁중에서 찌개를 일컫는 말이다. 조미 재료에 따라 고추장찌개, 맑은 젓국찌개, 된장찌개로 나누며, 일반적으로 국보다 간을 세게 하는 경우가 많다.

음식명	조리법
꽃게찌개	꽃게가 많이 나오는 봄이나 가을에 부추와 양파를 넣고 된장을 조금 넣어 끓이면 비린내가 없어진다. 얄팍 썬 무와 미더덕을 잘게 잘라 넣으면 시원한 국물맛이 된다.

⑤ 찜

찜은 수증기를 이용한 조리법으로, 국물이 적고 무르게 익힌 음식이기에 재료에 따른 물과 불 조절을 주의해야 한다. 효과적인 방법은 스팀(압력)솥을 이용하여 조리 시간을 단축하고 색, 영양소, 맛의 손실을 최소화하는 방법이 좋다. 미리 양념을 재워서 재료가 잘 스며들게 하고 조리 과정에서 수분이 수증기로 날아가 수분이 적어지지 않도록 하는 것이 중요하다. 조리 시간은 걸리지만 영양소의 손실이 적고 고른 온도 분포로 모양이 흐트러지지 않는다.

⑥ 무침

무침에는 생채와 숙채로 나눈다. 숙채 요리에서 주의할 것은 데치는 방법, 데친 후의 중량감 변화, 양념이 중요하다. 데칠 때는 고온에서 단시간에 데치는 것이 좋다. 묵은 나물은 미리 불려서 데치고, 데친 후 물에 담가 두어야 나쁜 냄새가 제거되고 연해진다. 묵은 나물은 미리 양념에 재웠다가 볶는데, 볶을 때 육수를 좀 넣고, 파, 마늘은 다른 나물보다 많이 넣어 끓이면 좋다. 모든 나물은 먹기 직전에 참기름을 넣고 배식을 하는 것이 기호도가 높다. 생채 요리는 채소나 산나물 등 싱싱한 것을 그대로 먹을 수 있게 초고추장이나 겨자장에 무친 것으로 양념은 식초나 설탕을 쓰는 것이 특징이며, 파, 마늘을 많이 쓰지 않고 재료 본래의 독특한 향과 맛을 살리는 것이 좋다. 또한, 생채는 미리 무쳐 놓으면 맛과 모양이 변하므로 먹기 직전 무치는 것이 좋다. 숙채는 채소류, 산나물, 버섯류, 들나물 등을 데쳐서 양념에 무친다. 묵은 나물은 물에 불려 삶아서 미리 양념하여 참기름에 볶으면서 양념이 잘 배도록 물을 조금 넣는 것이 좋고, 숙채는 생채보다 양념을 넉넉히 넣는 것이 좋다.

음식명	조 리 법
콩나물무침	콩나물을 데칠 때는 처음부터 콩나물을 넣고 뚜껑을 닫고 데치거나 물을 끓인 후 뚜껑을 열고 데쳐 내고 찬물에 바로 헹구어 낸다. 기호에 따라 고춧가루를 넣어 무치기도 한다.
느타리나물	버섯을 먼저 살짝 데쳐서 손으로 찢어 소금과 참기름으로 무치거나 파, 마늘을 넣고 기름에 볶는다.
취나물무침(볶음)	묵은 취나물을 볶을 때는 파, 마늘을 넉넉히 넣고, 들기름으로 볶아 육수를 넣어 볶으면 맛이 있다. 생취는 초고추장으로 무치는 것이 맛이 있으며, 된장으로 무쳐도 색다른 맛을 느낄 수 있다

⑦ 전

전류는 일반적으로 기호도가 높은 음식으로 얇게 부쳐야 하며, 타지 않으면서 노릇노릇하게 잘 익혀야 한다. 전류는 바로 부쳐서 따뜻할 때 배식하면 좋다. 전을 잘 부치려면 달걀은 잘 풀고, 전유어는 소금과 후추로 미리 밑간을 해 두며, 팬은 처음에는 기름을 넉넉히 두르고 잘 달구어 길이 잘 들게 한다. 기름을 너무 많이 하지 않고 밀가루를 묻혀서 잘 털어 내고 밀가루를 미리 묻혀 두지 않는다.

전은 생선, 고기, 채소 등의 재료를 다지거나 얇게 저며서 밀가루, 달걀을 입혀서 팬에 기름을 두르고 납작하게 하여 양면을 지져 내는 것이다. 지짐은 빈대떡이나 파전처럼 재료들을 밀가루 푼 것에 섞어서 기름에 지져 내는 음식이다. 다른 말로 부침개라고도 한다.

음식명	조 리 법
생선전	전에 이용하는 생선은 살이 희고 비교적 지방분이 없는 담백한 것을 사용하고 냄새가 나지 않는 신선한 것을 이용해야 하며, 후추는 흰 후추를 뿌리는 것이 깨끗하다.
감자전	감자전은 기호도가 높은 음식인데 기름을 넉넉히 둘러서 구워야 맛있다.
느타리 버섯전	느타리버섯을 데쳐서 밀가루, 달걀옷을 입혀 지져 내면 아주 맛이 있는 전이 된다

⑧ 구이

구이를 할 때는 수용성 성분 유출이 적고 모든 영양소가 거의 조직 내에 포함되어 있다. 구이 조리법은 조직이 연화되고, 살균이 되며 소화하기가 쉬워진다. 조리 시 처음에는 고온에서 구워야 하고, 표면의 색을 내게 되면 온도를 낮추어 내부까지 익게 된다. 쇠고기는 오래 굽는 것보다 센 불에서 단시간 구워 내는 것이 육질이 질기지 않아서 좋다.

석쇠를 이용하여 굽는 직접 구이와 전기오븐, 전자레인지, 팬을 이용하여 굽는 간접 구이가 있는데, 단체급식에서는 간접 구이를 많이 한다. 구이의 종류로는 소금구이, 양념장구이, 고추장구이가 있다.

음식명	조 리 법
장어구이	장어는 간장 양념을 하거나 고추장 양념을 하여 오븐에 구워 내는 것이 좋은데, 타지 않게 익히는 것이 중요하다. 장어를 튀긴 후에 고추장, 토마토케첩, 간장, 고춧가루, 마늘, 설탕 등으로 만든 소스를 얹어 배식해도 좋다.

⑨ 조림

물의 양, 불 조절, 재료의 양념이 스며드는 정도를 잘 계산하여 음식을 해야 하며, 장조림을 할 때는 먼저 고기를 찬물에 넣어 끓여 익힌 후 양념을 하여 조린다. 이때 생강을 넣으면 고기 특유의 냄새가 없어진다. 생선조림을 할 때는 무에 양념이 잘 배도록 양념하고 무가 타지 않도록 조리며, 생선 살이 부서지지 않도록 조심하여 배식한다. 그리고 양념장을 만들 때는 멸치·다시마로 우려낸 물을 사용하는 것이 맛이 좋으며, 2번에 나눠 조미한다. 맛이 담백한 흰살생선은 간장으로 조리고 붉은살 생선이나 비린내가 많이 나는 생선류는 고춧가루나 고추장을 이용한다. 특히 고등어 같은 생선을 조릴 때는 된장을 넣기도 한다.

음식명	조 리 법
생선조림	생선조림을 할 때는 무에 대한 기호도가 높기 때문에 넉넉히 깔아서 배식할 때 많이 주는 것이 좋다. 배식 시 살이 흐트러지지 않도록 하고 밑이 타지 않도록 한다.
돈육장조림	쇠고기장조림보다 생강을 더 넣고 뚜껑을 열고 조리면 냄새가 나지 않고 부드러워진다.
오징어조림	오징어는 데쳐서 적당 크기로 썰어 설탕, 간장, 풋고추 등 양념을 넣고 저온에서 뭉근히 조리면 아주 맛있다.

⑩ 볶음

재료를 볶을 때는 팬에 기름을 넉넉히 두르고 팬을 달구어 재료가 눋거나 타지 않도록 하는 것이 중요하다. 가능한 단시간 내에 볶는 것이 재료 본래의 특징과 영양분 손실이 적다. 양념은 처음부터 하지 말고 재료가 익은 후 하는 것이 좋다. 볶음은 국물이 거의 없고 오래 끓이지 않기 때문에 재료 자체의 맛이 빠져나가지 않는다. 1회의 양을 적게 하고 여러 번에 나누어 볶는다.

음식명	조리법
멸치볶음	멸치를 먼저 식용유로 볶아 양념장에 무쳐 내어도 색다르고 맛이 있다. 풋고추나 꽈리고추가 들어가면 멸치 특유의 비린내가 없어진다.
떡볶이	떡볶이는 고추장으로 양념하기도 하고 간장을 이용하기도 한다. 여러 종류의 채소를 넣어 볶기도 하고 떡은 따로 익혀 섞기만 하고 삶은 당면을 넣기도 한다. 기호에 따라 자장을 이용하여 떡볶이를 하여도 좋다.
감자볶음	한 번에 많은 양을 조리 하면 감자 모양이 으깨지기 쉽다. 기름을 넉넉히 두르고 간장이나 소금으로 간을 하고 고춧가루를 넣어 볶기도 한다. 감자채 볶음을 할 때는 냉수에 담그거나 소금을 넣은 끓는 물에 살짝 데쳐서 볶으면 잘 부스러지지 않는다.

⑪ 쌈

쌈의 재료는 향기, 씹는 맛, 혀에 닿는 촉감이 좋은 상쾌한 맛을 지니고 있다.

음식명	조리법
양배추쌈	양배추를 찌거나 물에 삶아서 쌈장과 같이 배식한다. 제육볶음과 함께 배식한다.
호박잎쌈	여름에 호박잎이 많이 날 때 껍질 벗겨 쪄서 강된장과 같이 배식을 하면 좋다.

⑫ 일품요리

기호도가 높은 음식으로 부재료와 섞어 먹는 음식으로 반찬의 수가 적어도 무방하다.

⑬ 냉동식품

냉동식품은 종류에 따라 냉동 전에 조리하거나 부분적·완전 가열 처리를 하는 경우도 있다. 냉장·냉동에 저장된 음식물은 미생물적 안전성을 위해서 조리 시 음식물의 내부 온도가 75℃가 되도록 하며, 가열 후 빠른 시간에 배식이 이루어지도록 하며, 가능한 57℃ 이상이 유지될 수 있도록 한다.

음식명	조리법
콩나물밥	콩나물에 버섯, 미나리, 당근 등을 섞기도 하고 멸치·다시마물을 밥물로 사용하면 맛이 있다. 콩나물을 따로 쪄서 밥과 섞어 배식하기도 하고 콩나물과 함께 밥을 짓기도 한다. 간장양념장을 곁들여 배식한다.
영양밥	수삼, 은행, 밤, 검정콩, 우엉 등의 재료로 밥을 지은 후 양념장을 곁들인다.
자장밥	자장은 파를 볶아 파 기름을 내고 양파를 이용하여 단맛을 낸다.
김치볶음밥	김치볶음밥을 할 때는 김치와 채소의 양이 많아야 한다. 달걀프라이나 김가루를 함께 배식한다.
카레라이스	카레는 카레가루, 고기, 채소를 이용해서 조리한다. 사과를 넣으면 사과와 카레의 독특한 맛이 잘 어울린다.

(3) 검식 및 보존식

조리된 음식의 맛, 질감, 조리 상태 등을 조사하여 기록함으로써 향후 식단 개선의 자료로 활용하도록 검식을 하며, 만일의 위생 사고 발생 시 그 원인이 명확히 규명될 수 있도록 보존식을 보관·관리한다(표 1-27).

검식은 지도 영양사가 조리된 식품에 대하여 배식하기 직전에 실시하고 검식할 때는 소독된 검식 용기 및 검식 기구를 사용하되, 한 번 사용한 기구는 재사용하지 않는다. 검식 시는 음식의 맛, 온도, 조화(영양적인 균형, 재료의 균형), 이물, 이취, 조리 상태 등을 기록한다(표 1-28).

【표 1-27】 보존식 기록지 서식 예

【보존식 기록지】

보존일	년 월 일 시간 :		
식 단			
담당자		반입 시간	
폐기일	년 월 일		

확인자 : ____________ ㉑

■ 주의사항

1) 조리 종료 후 각 메뉴에 대하여 약 100g 정도를 소독된 기구와 위생장갑을 착용하여 채취한다.
2) 소독된 보존식 용기에 담아 -18℃ 이하의 냉장온도에서 최소한 144시간 이상 냉동 보관한다. 공휴일이 겹치는 경우에는 144시간 보존한다.
3) 음식 간에 겹치지 않도록 한다.
4) 보존식의 장기보관이 필요한 비상시에는 각 메뉴를 위생팩에 담아 144시간 이전까지는 냉장보관하고 그 이후에는 -18℃ 이하에서 냉동보관토록 한다.
5) 보존식 보관 시에는 날짜, 식단명을 명시한다.

【표 1-28】 검식일지 서식 예

<table>
<tr><td colspan="9">【검식일지】</td></tr>
<tr><td colspan="9">영 업 장 :
검식일자 :</td></tr>
<tr><th colspan="3">구 분</th><th colspan="2">조식</th><th colspan="2">중식</th><th colspan="2">석식</th></tr>
<tr><td colspan="3">식 단</td><td colspan="2"></td><td colspan="2"></td><td colspan="2"></td></tr>
<tr><td colspan="3">주식농도</td><td colspan="2">(1)질다 (2)적당 (3)되다</td><td colspan="2">(1)질다 (2)적당 (3)되다</td><td colspan="2">(1)질다 (2)적당 (3)되다</td></tr>
<tr><td rowspan="10">부식</td><td rowspan="3">조화</td><td>형태</td><td colspan="2">(1)좋음 (2)보통 (3)미흡</td><td colspan="2">(1)좋음 (2)보통 (3)미흡</td><td colspan="2">(1)좋음 (2)보통 (3)미흡</td></tr>
<tr><td>색</td><td colspan="2">(1)좋음 (2)보통 (3)미흡</td><td colspan="2">(1)좋음 (2)보통 (3)미흡</td><td colspan="2">(1)좋음 (2)보통 (3)미흡</td></tr>
<tr><td>재료</td><td colspan="2">(1)좋음 (2)보통 (3)미흡</td><td colspan="2">(1)좋음 (2)보통 (3)미흡</td><td colspan="2">(1)좋음 (2)보통 (3)미흡</td></tr>
<tr><td rowspan="5">중심온도</td><td></td><td>검식시</td><td>배식시</td><td>검식시</td><td>배식시</td><td>검식시</td><td>배식시</td></tr>
<tr><td>국</td><td></td><td></td><td></td><td></td><td></td><td></td></tr>
<tr><td>주찬</td><td></td><td></td><td></td><td></td><td></td><td></td></tr>
<tr><td>부찬1</td><td></td><td></td><td></td><td></td><td></td><td></td></tr>
<tr><td>부찬2</td><td></td><td></td><td></td><td></td><td></td><td></td></tr>
<tr><td colspan="2">맛</td><td colspan="2">(1)싱겁다 (2)짜다 (3)달다
(4)맵다 (5)적당하다
(6)느끼하다</td><td colspan="2">(1)싱겁다 (2)짜다 (3)달다
(4)맵다 (5)적당하다
(6)느끼하다</td><td colspan="2">(1)싱겁다 (2)짜다 (3)달다
(4)맵다 (5)적당하다
(6)느끼하다</td></tr>
<tr><td colspan="3">의 견</td><td colspan="2"></td><td colspan="2"></td><td colspan="2"></td></tr>
<tr><td colspan="3">처 리</td><td colspan="2"></td><td colspan="2"></td><td colspan="2"></td></tr>
</table>

보존식은 배식 직전에 소독된 보존식 전용 용기에 음식의 종류별로 각각 100g 이상을 담아 -18℃ 이하에서 144시간(휴무일 제외) 냉동 보관한다. 보존식 기록지에 날짜, 시간, 채취자 성명 등을 기록하여 관리한다.

2) 작업관리

(1) 작업의 표준화

조리 작업을 완수하기 위하여 가장 바람직한 방법은 피로를 적게 하고 경제적, 위생적이며 위험도가 낮으면서 수준 높게 개선하는 작업이다. 이를 위해서는 작업을 표준화, 매뉴얼화 하는 것이 필요하다.

표준화하기 위해서는 여러 번 검토를 중복해서 실시하고 작업의 개선점을 찾아내고 작업을 보다 경감시키고 조리의 질을 향상시키도록 한다.

조리 작업을 표준화하기 위해서는 조리 공정을 매뉴얼화 하고 한 사람씩 동작을 고정하기 위하여 교육·훈련이 필요하다.

(2) 작업 흐름에 따른 조리기기의 배치

작업 흐름	작업 내용	주요 조리기기
① 반입 · 검수	반입 · 검수, 일시 보관, 분류 및 정리	검수대, 계량기, 운반차, 온도계, 손 소독기
② 저장	식품별 · 온도별 저장, 식기, 소모품 저장	일반 저장고(마른 식품, 조미료 등) 쌀 저장고, 냉장 · 냉동고, 온도계
③ 전처리 및 조리 준비	식재료 세척, 다듬기, 절단, 침지	싱크, 박피기, 혼합기, 절단기
④ 조리 - 취반 - 가열조리	계량, 세미, 취반 해동, 가열, 튀김, 찜, 지짐, 굽기	저울, 세미기, 취반기, 스팀솥, 튀김기, 브로일러, 그리들, 회전식 프라이팬, 오븐, 레인지
⑤ 배식	음식 나누기, 보온, 저온 보관, 음식 담기, 배식	보온보냉고, 냉장고, 이동 운반차, 제빙기, 온 · 냉 식수기
⑥ 세척 · 소독	식기 회수, 세척, 샤워 싱크, 소독, 잔반 처리	세척기용 선반, 식기세척기, 식기 소독고, 칼 · 도마 소독고, 손 소독기, 잔반 처리대
⑦ 보관	보관	선반, 식기 보관장(또는 식기 소독 보관고)

04 위생관리

1) 식중독

(1) 식중독의 정의

① '식중독'이란 식품 섭취로 인하여 인체에 유해한 미생물 또는 유독물질에 의하여 발생하였거나 발생한 것으로 판단되는 감염성 질환 또는 독소형 질환을 말한다. (식품위생법 제2조 제14항)

② '집단식중독'이란 역학조사 결과 식품 또는 물이 질병의 원인으로 확인된 경우로서 동일한 식품이나 동일한 공급원의 물을 섭취한 후 2인 이상의 사람이 유사한 질병을 경험한 사건을 말한다. (WHO, 세계보건기구)

(2) 식중독 보고 업무

① 근거 법령

식품위생법 제86조 제1항 및 같은 법 시행규칙 제93조 제1항

② 집단급식소의 설치·운영자

집단급식소에서 제공한 식품등으로 인하여 식중독 환자나 식중독으로 의심되는 증세를 보이는 자를 발견한 집단급식소의 설치·운영자는 지체 없이 관할 시장·군수·구청장에게 보고하여야 한다.

※ 미보고 시 과태료 200만 원(식품위생법 제86조 제1항)

2) 개인 위생관리

(1) 건강진단 결과 보관

① 건강검진 점검 대상자: 급식 종사자 전원

② 조리업무에 종사할 수 없는 사람(식품위생법 제40조 제4항): 소화기계 전염병 환자 및 보균자 – 결핵환자 – 피부병 및 화농성 질환자

③ 매년 1회 건강진단(학교급식 종사자는 1년에 2회) 실시

(2) 손을 씻어야 하는 경우

- 작업 시작 전
- 화장실을 이용한 후
- 작업 중 미생물 등에 오염되었다고 판단되는 기구 등에 접촉한 경우
- 쓰레기나 청소도구를 취급한 후
- 일반 작업 구역에서 청결 작업 구역으로 이동하는 경우
- 육류, 어류, 난각 등 미생물의 오염원으로 우려되는 식품과 접촉한 후
- 귀, 입, 코, 머리 등 신체 일부를 만졌을 때
- 감염 증상이 있는 부위를 만졌을 때
- 음식 찌꺼기를 처리했을 때 또는 식기를 닦고 난 후
- 음식을 먹은 다음, 또는 차를 마시고 난 후
- 전화를 받고 난 후
- 담배를 피운 후
- 식품 검수를 한 후
- 코를 풀거나 기침, 재채기를 한 후 등

3) 식재료 위생관리

(1) 식재료 구입

① 구매 및 검수

식재료 구매 단계에서 공급 업체의 선정 및 관리기준을 마련하여 공급 업체의 시설 설비의 위생 상태 등 위생관리 능력이 있는 업체를 선정하여야 하며, 정기적으로 납품 차량 및 배달원의 위생 상태도 점검하여야 한다. 식재료 구매 시 규격기준을 명확히 제시하고 이에 따라서 검수를 철저히 해야 한다.

검수자는 검수에 앞서 손을 청결히 하고 위생장갑을 착용한 후 검수한다. 검수 장소에는 검수대를 설치하여 식자재가 바닥에 닿지 않도록 하고, 검수대의 조도는 540lux 이상을 유지한다. 검수 기준에 부합한 식재료는 자체 검수 기준에 따라 반품 등의 조치를 취하고 이를 검수일지에 기록, 관리한다. 상온 보관 가능한 곡류, 식용

• 올바른 손 씻기 방법

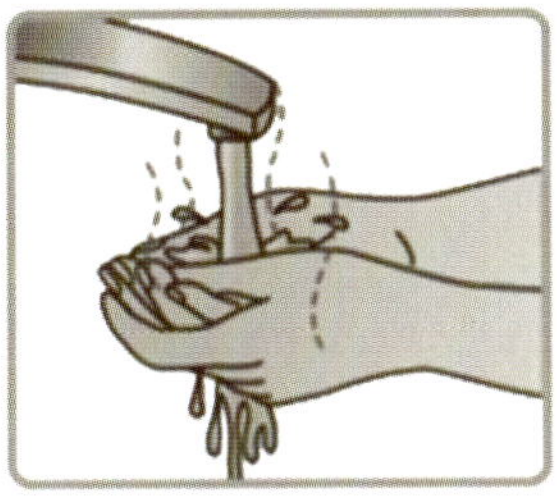

1. 따뜻한 물(40℃)에 손을 잘 적신다.

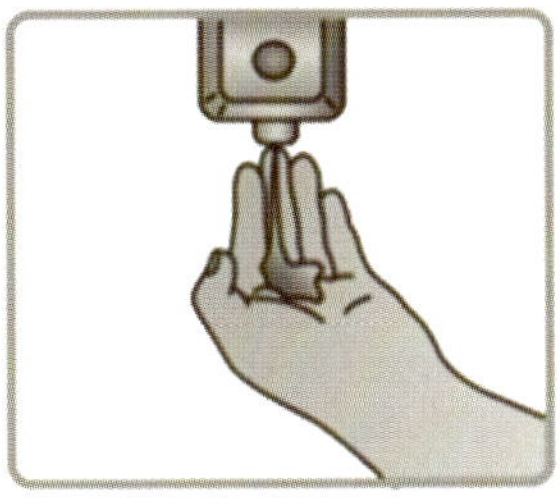

2. 살균용 비누를 이용한다.

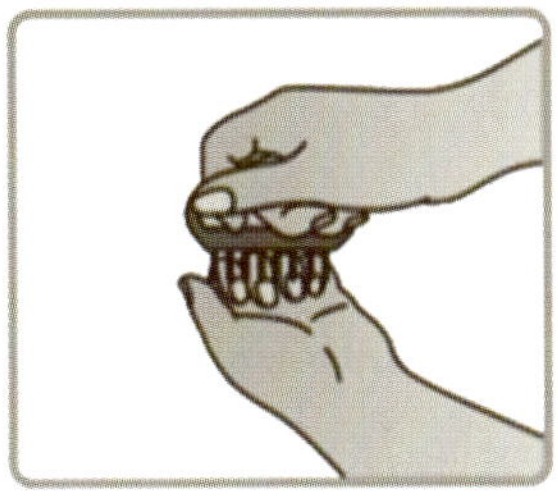

3. 브러시를 이용해 손톱 밑, 손톱 주변, 손바닥, 손가락 사이를 꼼꼼히 문질러 눈에 보이지 않는 세균과 오물을 제거한다.

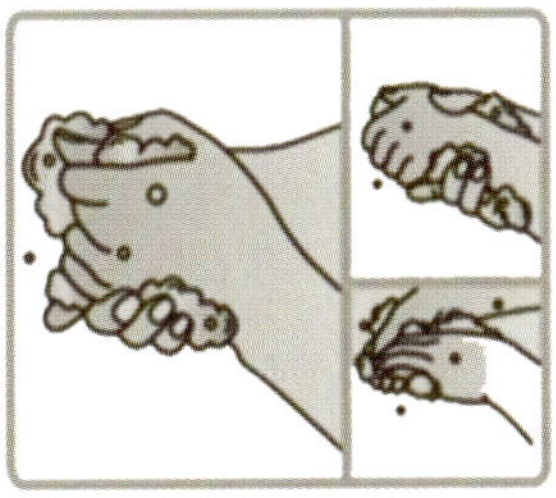

4. 살균용 비누로 거품을 충분히 내어 20초간 충분히 문질러서 손과 팔목까지 깨끗이 씻는다.

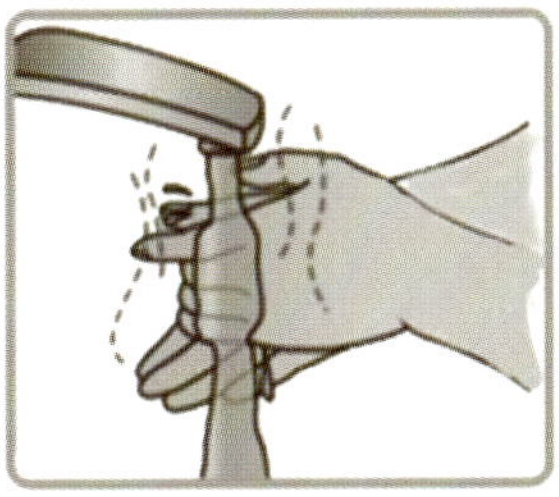

5. 10초간 물로 충분히 헹군다.

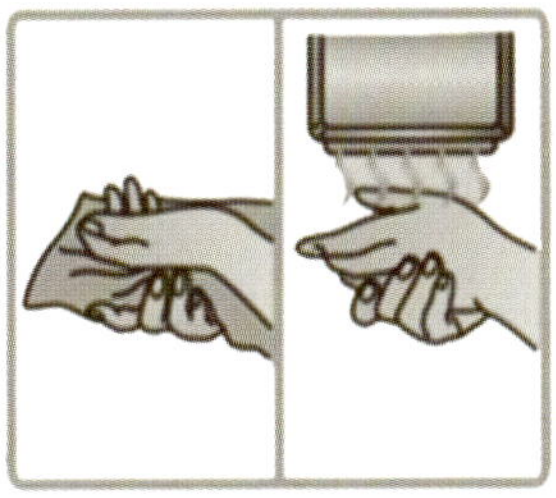

6. 1회용 종이타월이나 온풍기를 이용해 손을 건조한다.

자료 : 식품의약품안전처

유등을 제외한 모든 식품은 당일 구입하여 당일 사용함을 원칙으로 한다.

② 보관 및 저장

외피를 제거한 후 검수가 끝난 식자재는 식재료의 적정 보관 온도에 맞게 보관하여 미생물의 오염 및 증식을 막는다. 식재료의 보관 방법과 유통기한 등을 확인한 후에 이에 맞추어 보관한다.

• 냉장·냉동 저장

- 냉장고는 5℃ 이하, 냉동고는 -18℃ 이하의 내부 온도를 유지한다.
- 냉장·냉동고에는 적정량(70% 이하) 보관하고, 선입선출을 원칙으로 하며, 별도의 온도계를 비치하여 온도관리를 하고 기록한다.
- 보관 중인 재료는 덮개를 사용하여 식재료 간의 교차오염이 일어나지 않도록 한다.

- 조리 전 식재료는 아래 칸에 조리 후 음식은 위 칸에 보관한다.
- 포장이 제거된 재고 식품(통조림 등)은 깨끗한 용기에 옮겨 담아 밀봉하여 제품명과 유통기한 등을 표시한 후 냉장 보관한다.

• 상온 창고 저장
- 선입선출(FIFO)을 원칙으로 보관하고 유통기한이 잘 보이도록 정리한다.
- 소분하여 보관 시 제품명과 유통기한 등을 반드시 표시하여 보관한다.
- 식품 이외에 소모품과 세제와 같이 보관하지 않는다.
- 주기적으로 재고 정리를 하여 유통기한이 지난 식재료가 없도록 한다.
- 개봉 후 냉장 보관 제품이 창고에 보관되는 일이 없도록 주의한다.

③ 전처리 및 세척

전처리 과정은 다듬기, 세척, 해동 과정이 포함된다. 전처리실이 별도로 있지 않은 급식실에서는 전처리실을 별도로 구획을 정해서 청결 구역을 오염시키지 않도록 한다. 전처리에 사용되는 기기와 기구는 식품별로 구분하여 사용한다. 싱크대도 구분하여 사용해야 하는데, 사용할 수 없는 경우에는 채소, 육류, 어류 순으로 작업하도록 하며, 작업할 때마다 다음 단계 작업을 위해서 교차오염을 없애기 위해서 세척과 소독을 반드시 실시한다. 열처리를 거치지 않는 식품은 직접 손으로 접촉하지 않으며, 흐르는 물로 깨끗이 세척한 후 소독을 실시한다. 소독은 염소계 살균 소독제의 유효염소 농도100ppm(먹는 물 4 L에 4% 차아염소산나트륨 10 mL를 가하여 희석)에 5분간 침지한 후 냄새가 나지 않을 때까지 먹는 물로 헹군다.

4) 작업 위생

① 칼과 도마, 고무장갑 등 조리기구 및 용기는 원료나 조리 과정에서 교차오염을 방지하기 위하여 용도별로 구분하여 사용하고 수시로 세척·소독하여야 한다.

② 식품 취급 등의 작업은 바닥으로부터 60㎝ 이상의 높이에서 실시하여 식품의 오염이 방지되어야 한다.

③ 조리가 완료된 식품과 세척·소독된 배식기구·용기 등은 교차오염의 우려가 있는 기구·용기 또는 원재료 등과 접촉에 의해 오염되지 않도록 관리하여야 한다.

【표 1-29】 식재료 위생 관련 규격 설정

구 분	식재료 규격	비 고
곡류 및 과채류	1. 1차 농산물은 원산지를 표시한 제품	거래명세서에 표기
어 · 육류	2. 육류의 공급 업체는 신뢰성 있는 인가된 업체	
	3. 육류는 도축검사증명서, 등급판정확인서가 있는 제품	도축검사증명서, 등급판정확인서 첨부
	4. 어류, 수입육인 경우 원산지 표시 제품	
	5. 냉장 · 냉동 상태로 유통되는 제품	
어 · 육류가공품	6. 검사를 필한 제품	
	7. 원산지 표시 및 유통기한 이내의 제품	거래명세서에 표기
	8. 냉장, 냉동 상태로 유통되는 제품	
난 류	9. 위생란	
김 치 류	10. 인가된 생산업체의 제품	
	11. 포장 상태가 완전한 제품	
양 념 류	12. 표시기준을 준수한 제품	
기타 가공품	13. 모든 가공품은 유통기한 표시된 것, 포장이 훼손되지 않은 것, 유통기한 이내의 제품	거래명세서에 표기

④ 해동은 냉장 해동(10℃ 이하), 전자레인지 해동 또는 흐르는 물(21℃ 이하)에서 실시하여야 한다.

⑤ 해동된 식품은 즉시 사용하여야 한다.

⑥ 날로 먹는 채소류, 과일류는 충분히 세척·소독하여야 한다.

⑦ 가열조리 식품은 중심부가 육류 75℃, 해산물 85℃ 1분 이상으로 유지 가열되고 있는지 탐침온도계로 확인하고, 그 온도를 기록·유지하여야 한다.

⑧ 조리가 완료된 식품은 온도와 시간 관리를 통하여 미생물 증식이나 독소 생성을 억제하여야 한다.

5) 세척·소독관리

안전과 위생을 위하여 모든 시설 및 장비, 기구의 청소계획을 수립하여 관리하고 영양사는 주방에 청소 계획서를 게시하고 담당자가 확인할 수 있도록 한다.

(1) 청소 계획표

주기	청소 대상
일별	급식기기 및 배식 집기류(주걱, 국자, 집게, 스푼, 도마, 행주) 조리기기, 식기세척기 주방 및 홀, 주방 청소 냉장고, 유리문(출입문) 트렌치, 찌꺼기 걸름망 화장실, 세면대, 탈의실
주별	창고, 냉장고, 냉동실 바닥, 조명, 환기시설 그리스트랩 배기후드 사무실, 덤웨이터(dumb waiter)
월별	유리창, 방충망, 창틀, 벽 식기 묵은 때(약품 사용하여 스케일 제거, 열탕소독), 식기세척기, 스케일 제거 환풍기, 식품 보관실 대청소
연간	천장 조명, 냉 · 난 방기, 위생 관련 기기, 시설 · 설비 점검 및 보수

(2) 소독의 종류 및 방법

① 자비소독(열탕소독)

구분	온도	대상
일반	100℃ 5분 이상	식기, 손톱 브러시
금속재	100℃ 5분 이상, 80℃ 30분	조리 소도구
사기 · 토기	80℃ 1분	
천류(린넨)	70℃ 25분, 95℃ 10분	행주

② 건열소독

구분	소독기기	소독온도
식기	식기세척기	82℃
스테인리스 스틸용기	식기소독기	80℃

③ 자외선소독

소도구 용기류: 살균력이 강한 자외선에서 30분 이상 침지소독 실시

④ 화학소독

구분	소독방법	비고대상
작업대, 기기, 도마, 생채소, 과일	• 염소소독 - 생채소, 과일: 100ppm 염소 용액 5분 침지 - 발판소독: 200ppm - 식품접촉면소독: 200ppm 1분 이상 • 요오드 용액 • 70% 에틸 알코올 소독: 분무하여 건조	제품의 표시 사항을 준수하고, 반드시 세척 후 사용

6) HACCP 관리

HACCP 시스템(Hazard Analysis and Critical Control Point System)은 '식품안전관리인증기준'이라고 한다. 이는 식품의 원재료 생산에서부터 제조, 가공, 보존, 유통 등 최종 소비자가 섭취하기 전까지의 각 단계에서 발생할 우려가 있는 위해요소를 규명하고, 이를 중점적으로 관리하기 위한 중요관리점을 결정하여, 자주적이며 체계적이고 효율적인 관리로 식품의 안전성, 건전성 및 품질을 확보하기 위한 과학적인 위생관리 기법이다. HACCP 시스템은 원료 및 공정별로 위해요소를 미리 파악하여 중점적으로 관리하도록 하는 '선 조치'의 방법이다.

식품위해요소란 식품의 안전과 관련되어 미생물의 바람직하지 않은 생존, 오염 및 증식을 말하며 이러한 위해요소를 파악하여 이들을 제거하거나 감소시킬 수 있도록 관리할 수

있는 과정, 절차 및 장소를 중점관리점이라 한다.

HACCP 시스템은 각 공정의 모든 위해에 대한 식품안전관리기준을 제공해야 한다. 각 메뉴별로 HACCP 시스템을 도입하는 것은 많은 시간과 노동을 필요로 하므로, 각 조리 공정 내에 내재하는 위해를 통제하는 것이 더 효과적일 수 있다.

단체급식에서의 수천 가지의 다양한 메뉴는 각 메뉴별로 HACCP 시스템의 적용을 어렵게 한다. 그러므로 원재료에서 유래되는 위해요소는 조리에 사용되는 모든 원재료별로 함께 관리하고, 조리 과정에 대한 관리기준 및 모니터링 방법을 조리유 형별로 설정하여 관리를 한다. 조리 과정 이외에 구매 및 검수, 저장, 전처리, 해동, 냉각, 배식 등으로 나누어 관리하고 이외에 식기 세척과 소독, 개인위생등도 함께 관리를 한다.

단체급식에서 HACCP 시스템을 적용하기 위하여 급식 생산 단계별로 위해요소를 파악하는 방법을 사용한다. 즉 식재료의 구매, 검수 단계, 조리 전 전처리 단계, 저장 단계, 후처리 단계, 급식 전 보관 단계, 급식 단계 등으로 나누어서 위해요소를 파악할 수가 있다.

단체급식소에서 위생관리기준에 따라 조리 종사원에 대한 위생교육을 체계적이고 지속적으로 실시해 나갈 때 HACCP 시스템 실행에 따른 기대 효과를 얻고 HACCP 시스템의 정착으로 이어질 수 있을 뿐 아니라 안전하고 위생적인 급식을 실현할 수 있을 것이다.

7) 폐기물 처리(음식물쓰레기, 잔반)

① 음식물 쓰레기 처리

- 위탁 재활용 방법 : 음식물쓰레기를 자원화 시설에 위탁하여 처리한다.
- 자가 처리 방법 : 음식물처리기를 사용하여 발효화하여 처리한다.
- 위탁처리 시 반드시 합의하에 계약하고 관련 서류를 비치한다(표1-30, 1-31).

【표 1-30】 음식물쓰레기 위탁처리 계약서 서식 예

【음식물쓰레기 위탁처리 계약서】

______________에서 발생하는 음식물쓰레기 위탁처리를 위해 _______(이하 "갑"이라 한다)와 (이하 "을"이라 한다)은 다음과 같이 계약을 체결하고 성실히 이행한다.

1. 폐기물 관리법 제15조 및 제24조 규정에 의하여 "갑"은 음식물쓰레기를 "을"에게 위탁처리하게 한다.
2. "을"은 "갑"이 지정한 장소에서 음식물쓰레기를 전량 인수하여 운반 처리하여야 한다.
3. 본 계약의 유효기간은 ___년 __월 __일부터 ___년 __월 __일까지로 한다.
4. 음식물쓰레기 위탁처리 비용은 1kg(L)당 ___원으로 한다.
5. "을"은 음식물쓰레기를 매일 수거하여야 한다. 다만 월요일 또는 목요일이 공휴일인 경우에는 그 다음 영업일에 수거한다.
6. "갑"과 "을"은 수거 시마다 확인서에 수거량을 기입하여 쌍방이 서명한다.
7. "갑"은 위탁처리비용을 매월 지급하되 다음 달 초에 "을"의 청구에 의하여 지급한다.
8. "갑"은 "을"이 음식물쓰레기 수거를 성실히 이행하지 못하거나, 이 계약사항 · 폐기물관리법 또는 기타 관계법령을 위반하는 경우에는 이 계약을 해지할 수 있으며, 이로 인해 발생되는 모든 민, 형사상의 책임은 "을"이 진다.

이 계약의 성립을 증명하기 위해 계약서 2통을 작성 "갑"과 "을"이 각 1통씩 보관한다.

_____년 ____월 ___일

"갑" :

대표자 : ____________

"을" :

대표자 : ____________

【표 1-31】 음식물쓰레기 발생 및 처리실적 보고 서식 예

음식물류 폐기물 발생 억제 및 처리 계획	[ ] 신고서 [ ] 변경신고서

※ 뒤쪽의 작성방법을 읽고 작성하시기 바라며, [ ]에는 해당되는 곳에 √표를 합니다.

접수번호		접수일			처 리 기간	7일

신고인	①상호(명칭):	②사업자등록번호:
	③성명(대표자):	④생년월일:
	⑤주소(사업장): (전화번호:)	

⑥ 사업장 규 모		
	[ ] 집단급식소: 1일평균 총급식인원	명
	[ ] 음 식 점: 객석 · 객실 합계 면적	㎡
	[ ] 대규모점포: 사업장 면적	㎡
	[ ] 농수산물도매시장(공판장 · 유통센터): 사업장 면적	㎡
	[ ] 호텔 · 콘도: 객실 수	실

음식물류 폐기물의 발생 억제 및 처리 계획

⑦ 음식물류 폐기물 배출예상량	kg/월 (1일 kg)
⑧ 발생억제계획	

⑨ 자가처리계획	⑩ 자가처리(가열 · 발효 등에 의한 건조 등)				⑪ 건조 등 부산물처리		
	처리 방법	처리능력 (kg/일)	설치 신고일	처리량 (kg/일)	부산물 발생량 (kg/일)	처리 방법	처리자

⑫ 자가재활용계획	재활용량(kg/월)	재활용방법	재활용장소

⑬ 위탁재활용계획	위탁 재활용량 (kg/일)	위탁계약 비용 (원/kg)	위탁 업소명	업종	재활용 방법	위탁업소 주소 · 전화

⑭ 변경사항	변경 전	변경 후
⑮ 변경사유		

「폐기물관리법」 제15조의2제2항 및 같은 법 시행규칙	제16조의2제1항제1호 제16조의2제4항	에 따라
음식물류 폐기물 발생 억제 및 처리 계획	[ ] 신고 [ ] 변경신고	를 합니다.

년 월 일

신고인 (서명 또는 인)

00시장 귀하

210mm×297mm[백상지 80g/㎡(재활용품)]

【표 1-32】 위생교육일지 서식 예

【위생교육 일지】

<table>
<tr><td rowspan="2">결
재</td><td></td><td></td><td></td></tr>
<tr><td></td><td></td><td></td></tr>
</table>

<table>
<tr><td>일 시</td><td colspan="2">년 월 일(요일)</td><td>소요시간</td><td></td><td>장
소</td><td></td></tr>
<tr><td>교육실시자</td><td colspan="2">직위 : 성명 :</td><td>교육대상자</td><td colspan="3"></td></tr>
<tr><td>교육영역</td><td></td><td>교육주제</td><td colspan="4"></td></tr>
<tr><td>교육내용</td><td colspan="6"></td></tr>
<tr><td>건의 및 특기사항</td><td colspan="6"></td></tr>
<tr><td>차기 교육계획</td><td colspan="6"></td></tr>
<tr><td>교육확인</td><td colspan="6">피교육자 ㉑ ㉑ ㉑ ㉑
㉑ ㉑ ㉑ ㉑</td></tr>
</table>

【표 1-33】 위생점검표 서식 예

【위생 점검표】

년 월 일 ~ 년 월 일 확인자 : ______________ ㊞

구 분	점검 내용	/	/	/	/	/	/	비고
개인 위생	손의 청결(씻기) 및 관리 상태(손톱, 매니큐어)							
	용모(머리, 수염) 장신구 착용 여부							
	위생복 착용상태, 청결상태(모자, 앞치마, 신발)							
	질병 및 손의 상처 여부							
식품 및 보관 상태	냉장, 냉동고의 식품의 보관 상태							
	변질, 무표시, 유통기한 경과 제품의 유무							
	식재료가 바닥에 놓여 있지 않는가							
	음식을 담은 용기가 바닥에 놓여 있지 않은가							
	음식은 뚜껑을 덮고 운반 보관하는가							
	음식 취급 시 일회용 장갑 및 기구 이용 여부							
	식수는 음용하기 적절한가							
청소 및 소독 상태	조리장 바닥의 청소 및 건조 상태							
	조리 기기 및 기계의 사용 후 청소 상태							
	식기류의 세정 상태 및 보관 상태							
	도마의 구분 사용, 세정 및 소독 상태							
	배수구, 잔식처리대 주변의 청소, 소독 여부							
	쓰레기통(뚜껑), 잔식통의 청소 및 소독 여부							
	식품 창고의 정리 상태 및 청소 여부(주 1회)							
	대청소 실시 여부(주 1회)							
	냉장, 냉동고의 청소 및 소독 여부(주 1회)							
	창문, 배기후드, 환풍기 청소 상태(월 1회)							
온도(℃) 습도(%)	냉장고							
	냉동고							
	창고							
	조리장							
기 타	화장실 내 화장지, 비누, 종이 타올 준비 여부							
	방치된 쓰레기 및 폐품은 없는가							
	식사 및 흡연은 정해진 장소에서 하는가							
	소화기는 지정된 장소에 있는가							
환 경	잔반량							계
	폐식용유 반출량							계

※ 상태를 양호(○), 보통(△), 불량(×)으로 표시하고 불량 시 비고란에 내용을 기록한다.

【표 1-34】 식중독예방일일점검표 서식 예

【식중독 예방 일일 점검표】

점검일자 : 20 . . .(:)

구 분	점 검 사 항	점검결과		비고
		적	부	
1. 개인위생	• 설사 · 발열 · 구토 및 화농성질환 여부 • 가족 및 동거인의 상기질환 여부 • 위생모 · 위생복 · 작업화 등의 청결 여부 • 손 세척 및 소독의 필요 숙지 여부 • 손톱의 청결 및 장신구(반지등) 착용 여부 • 종업원의 심리적 안정 상태 여부			
2. 원료 및 조리 · 가공식품 취급	• 부패 · 변질 및 무신고(허가), 무표시 제품 등 사용 여부 • 저장 조건, 포장 · 용기 등의 적정상태 • 교차오염 방지를 위한 구분 보관 여부 • 적정 보관 온도 준수 여부 • 가열조리 식품과 비가열조리 식품의 구분 여부 • 가열조리 식품의 신속 냉각 및 적정 보관 여부 • 과채류 등 원료의 절단 시 세척 선행 여부 • 식품 제조 · 가공 · 조리 시 마스크 착용 여부			
3. 조리 · 가공설비 및 시설	• 오염 구역, 청결 구역, 준청결 구역 구분 여부 • 방충, 방서 및 이물 혼입 방지 여부 • 육류, 채소류 등 원료별 조리기구의 구분 및 사용 여부 • 칼 · 도마 · 행주 등 조리기구 및 설비 등의 적정 세척, 소독 여부 • 작업장 내 수세시설 및 소독시설의 구비 및 작동 여부 • 작업장 바닥의 물고임 방지 및 배수구 개폐 용이 여부			
4. 기타 준수사항 이행	• 수돗물이 아닌 물을 사용시 먹는물 수질 검사 여부 • 유통기한이 경과된 제품 진열 · 보관 또는 조리 · 가공 등 재사용 여부 • 쓰레기 및 쓰레기장의 청결관리 여부			
5. 점검자 의견				

05 급식시설 · 설비

1) 급식 기기

(1) 기기의 선정과 구입 시 주의 점

조리 기기 및 기구는 조리실 작업의 흐름, 즉 반입 ➡ 검수 ➡ 저장 ➡ 전처리 및 조리 준비 ➡ 조리(취반, 가열조리, 비가열조리) ➡ 배식 세척 및 소독 ➡ 보관에 맞춰 처리 능력, 용이성, 안전성, 경제성 등을 고려하여 구입한다.

① 사전조사 및 검토

유사한 유형의 급식 규모를 가진 급식소를 방문하여 사전조사를 하는 것도 좋은 방법이다. 기기 도입에 따른 장점과 단점을 고려하고 구입할 기기의 현장 위치를 확인하는 등 공간을 확보한다. 전기·가스·수도 등 설비 용량을 미리 확인하고, 마지막으로 대략적인 예산을 검토한다.

② 기기의 검토 및 선택 시 고려할 점

- 우선 기기의 기능, 용량 등 사용상의 조건에 맞는가를 고려한다.
- 판매 실적이 많은 것(신제품일 경우 테스트 또는 검증된 것)을 구입한다.
- 위생적이고, 능률적인 면 등의 실용성 있는 것을 선택한다.
- 작동이 쉽고, 고장이 잘 나지 않으며, 청소와 손질하기 쉬운 것을 선택한다.
- 기계 가동 시의 비용 등 경제적인 면을 고려한다.
- 기능적 조리 동선을 고려한다.
- 식기와 조리 용기의 세척 장소 및 보관고를 가까이 두는 동선을 고려한다.
- 양면 개폐식 식기 저장고를 사용하여 조리와 배식 시 동시 사용할 수 있게 한다.

③ 업자 선정 시 고려할 점

- 카탈로그, 업체 홍보 책자 등을 이용하여 기기 회사의 경영 방침과 자세, 기기 내용을 검토한다.
- 급식소의 요구 조건에 맞는 회사 조직 시스템이 갖추어져 있는지 확인한다.
- 구입 후 사후관리를 지속적으로 수행할 수 있는 업체인지 확인한다.

④ 구입 시 주의점

- 구입 시 가능한 한 여러 개의 회사에서 제출된 견적서를 면밀히 검토한다.
- 제품 회사에 구입 계획의 조건인 규격·사양·재질 등에 대하여 같은 조건으로 구체적으로 설명한다.
- 업체가 요구사항을 정확하게 파악했는지 확인하고, 기종을 결정할 때는 실물 및 기존에 사용하는 급식소를 견학하고 필요에 따라서 테스트한다.

⑤ 기기 반입 시의 주의점

- 주방 내의 다른 기기에 대한 영향이 있는가를 확인한다(전기시설 포함).
- 테스트 및 취급 설명 시 관계자 전원이 참석하여 충분한 정보를 공유한다.
- 기기 반입 후 관계자 전원이 참석하여 시연한 후 실제로 사용해 본다.
- 인수 이후의 사후관리(애프터서비스) 여부를 확인한다.

2) 급식설비·기구

(1) 기기의 종류와 특징

① 다양한 조리기기 - 단체급식에서 사용하는 기기

프라이팬

밥통·국통

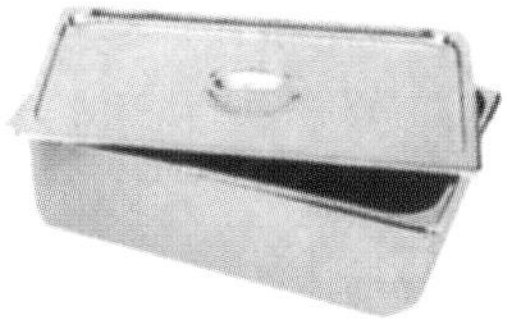

대형 그릇

분류용 컬러 식도

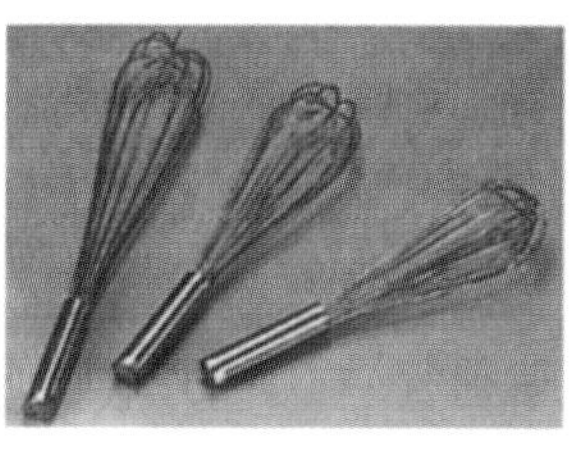

거품기

계량컵·계량스푼

배식 도구

배식 용구

② 조리기기

- 세미기

- 수압에 의해 많은 양의 쌀을 씻어 주는 기기

- 강한 수압이 필요하다.

- 싱크대

- 전처리 공정

- 취반기

- 쌀의 손실이 적고 2단식, 3단식 등 각 칸에 취반실이 나누어져 있다.

- 가스 1단에 35~50명 분(인분)의 취사가 가능하다.

가스 3단 밥솥

자동세미기

2조 싱크

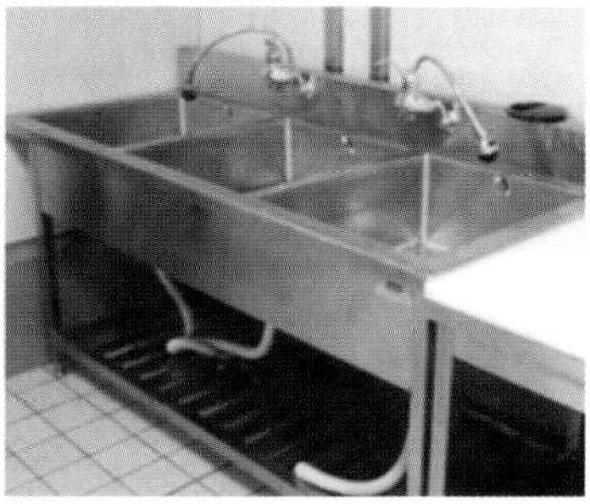

3조 싱크

③ 조리기기

- 회전국솥(스팀솥)

- 국이나 죽 등을 끓일 때 사용하는 기기(스테인리스 스틸)
- 무쇠의 재질인 경우는 볶음용으로 쓰인다.
- 회전솥이므로 사용할 때는 핀으로 고정하여 사용한다.

- 가스레인지

- 주방에서 기본이 되는 가열기기
- 재질은 스테인리스 스틸 재질이 좋으며 형태가 단순한 것이 청소하기가 쉽다.

- 그리들(번철)

- 철판구이 방식으로 직접 상판 위에서 부침을 할 수 있는 기기
- 재질은 스테인리스 스틸이 좋으며, 온도는 120~154℃로 일정하고 기름이 잘 흐르도록 약간 경사진 것이 청소하기 용이하다.

※ 분산조리 단체급식에서는 총생산량을 한꺼번에 조리할 경우 음식의 품질이 저하되므로 일시에 다량으로 조리하지 않고 배식 시간에 맞게 나누어 조리하는 것이 좋다.

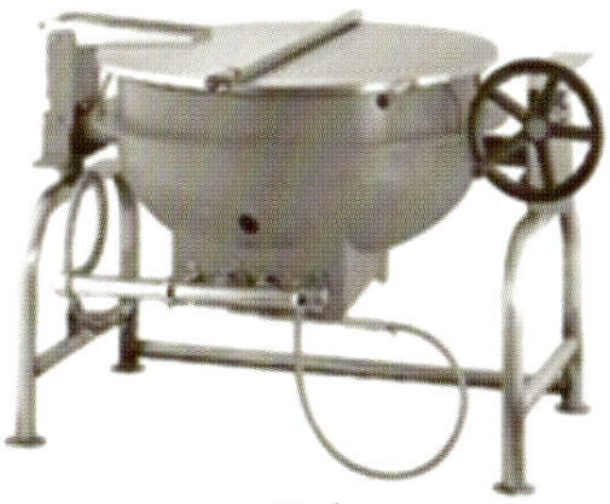

스팀 솥

스팀 솥

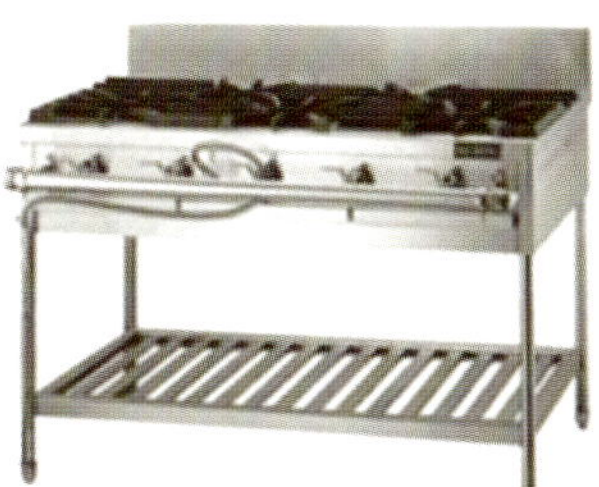

가스레인지 테이블

번철

3) 작업구역별 설비

(1) 조리실과 식기세척실 기기 선정

구분	품 목	설비 기기 선정 시 착안 사항
조리실	취반기	• 고정시킬 경우는 바닥과 주변을 세척하기에 용이한 구조와 공간을 확보하여야 한다.
	국 솥	• 회전식이어야 하며 뚜껑이 부착되어야 한다
	부침기	• 부침판은 기름이 흐르도록 약간 경사가 있어야 하며 덮개가 있어야 한다. • 안전을 고려하여 고정식이어야 한다.
	볶음솥	• 바닥이 무쇠 등으로 두꺼워야 한다. • 회전식이어야 하며 뚜껑이 부착되어야 한다.
	가스테이블레인지	• 화구가 2~3개 정도인 제품이 적당하다. • 작업대의 높이와 같아야 한다.
	가스그리들	• 가스 사용 기기와 동일 구역에 위치하여야 한다.
	밥 · 반찬배식대	• 보온 · 보랭 기능이 있어야 한다.
	채소절단기	• 세척과 소독이 용이하여야 한다. • 다양한 모양과 크기로 절단이 가능한 기능을 갖추어야 한다. • 분리 가능하며 전용 받침대를 설치하여야 한다.
	오 븐	• 조리 기능이 다양하여야 한다. • 단시간에 많은 양을 조리할 수 있어야 한다. • 작업 공간을 적게 차지하여야 한다.
	만능조리기	• 튀김, 부침, 조리 기능이 있어야 한다.
	냉장/냉동고	• 외부에서 읽을 수 있는 0.1℃ 단위의 온도계가 부착되어 있어야 한다. • 냉장 · 냉동 식재료 보관 및 조리식품 냉각에 충분한 용량이어야 한다.
	작업대	• 재질은 스테인리스 스틸로 하며, 급식 학생 수를 고려한 충분한 크기여야 한다.
	수세대	• 전자감응식 또는 페달식으로서 손을 사용하지 않고 조작이 가능하여야 한다. • 냉 · 온수가 공급되어야 한다.
식기세척	담금세정대	• 세척과 소독이 용이하고 충분한 크기이어야 한다.
	세척기	• 세척 및 헹굼 기능이 자동적으로 이루어져야 한다. • 최종 헹굼 수 온도가 살균에 적합한 온도(식판 온도 71℃ 이상)를 유지하여야 한다.
	식기소독보관고	• 내부 선반은 물 빠짐을 위해 타공된 것이어야 한다. • 적정 온도관리를 위해 소독고 문에 설치된 고무 패킹 부분은 기밀성이 있어야 한다.
	다단식선반	• 청소 시 물이 튀지 않도록 하며, 맨 아래 선반은 바닥으로부터 30cm 이상 띄워야 한다.

(2) 전처리실 기기 선정

구분	품 목	설비 · 기구 선정 시 착안 사항
전처리실	작 업 대	• 재질은 스테인리스 스틸로 하며, 급식 학생 수를 고려한 충분한 크기로 한다.
	식품검수대	• 이동식이며 바닥 면에서의 높이가 60cm 이상인 검수에 알맞는 충분한 크기로 한다.
	세정대 (싱크 2조, 3조)	• 냉 · 온 수도시설(원터치식)을 설치한다. • 세정대의 배수구는 적절한 크기여야 하며, 배수관과는 직선으로 연결되는 구조이어야 한다.
	생선세정대	상 동
	냉장 · 냉동고	• 냉장 · 냉동식품 검수 후 전량 저장 가능한 충분한 용량이어야 한다.
	자동세미기	• 적정한 수압이 유지되어야 한다.
	구근탈피기	• 내부가 완전 분리되어 세척과 소독이 용이하여야 한다. • 배수관은 배수로와 연결되도록 설치한다.
	바구니 운반대	• 바닥으로부터 60cm 이상 간격을 유지하여야 한다. • 바구니 크기별로 사용 가능하여야 한다. • 이동이 용이하여야 하며 안전성을 고려하여 원형으로 제작된 것이어야 한다.
	손 소독기	• 자동식으로 소독액이 분무되거나 손을 담글 수 있는 소독조이어야 한다.
	수 세 대	• 전자감응식 또는 페달식으로서 손을 사용하지 않고 조작이 가능하여야 한다. • 냉 · 온수가 공급되어야 한다.
	저 울	• 전자저울로 설치하되 1~100kg까지 측정 가능한 것으로 갖춘다.

06 사무관리 및 원가관리

1) 사무관리

단체급식의 운영을 위한 일로 계획, 통제, 조정하는 일을 말하며, 사무관리란 단체급식의 운영을 위한 일로 계획, 통제, 조정하는 일을 말하며, 급식소의 합리적인 운영을 관리하는 기능이다. 급식관리자는 수집된 자료를 경영 계획 자료로 사용하며 최근에는 기계화, 전산화로 관리한다.

① 장표의 종류

급식 세부 업무에 따른 장표의 종류

- 메뉴 : 급식운영계획표, 식품구성표, 영양가분석표, 식단전표, 식단표, 가정통신문
- 급식구매 : 납품서(거래명세서), 구매청구서, 구매명세서, 재고조사기록지, 발주서, 검수일지
- 위생 : 위생점검일지, 보존식기록지(표 1-27), 기기점검일지(표 1-38), CCP 점검표, 위생교육일지(표 1-32), 위생점검표(표 1-33), 세척 및 소독일정표
- 급식생산 : 표준레시피, 급식일지(표 1-35), 검식일지(표 1-28), 급식인원 보고서(식수표)
- 급식작업관리 : 작업일정표, 작업공정표, 공정분석표, 작업관측표, 안전관리점검일지
- 급식정보관리 : 메뉴 인덱스파일, 표준 레시피 파일, 영양가 분석 파일
- 원가관리 : 손익계산서, 대차대조표, 운영보고서, 급식 월말보고서(표1-37)
- 시설·설비 관리 : 기기관리대장, 집기류대장

【표 1-35】 급식일지 서식 예

【급 식 일 지】

결재			

년 월 일(요일)

1. 금일 식단 및 급식인원

		조 식	중 식	석 식	야 식	계
식 단						
에너지(kcal)/단백질(g)		/	/	/	/	/
급식인원	행정직					
	기술직					
	기 타					
	계					

2. 주 · 부식 입고 현황 (단위 : 원)

구 분	내 역	일 계	누 계	비 고
직접비	주 식			
	부 식			
간접비	소모품비			
	기 타			
계				

3. 조리원 출근 현황

재적인원	출근	결근	조퇴	휴가	사 유

4. 안전점검

수돗물 잠금	전열기구 스위치 끔	가스밸브 잠금	전등 끔	비 고

5. 특기사항

【표 1-36】 영양가산출표 서식 예

【영양가 산출표】

실시일 년 월 일 요일

구분	음식명	식품명	1인분 중량 (g)	에너지 (kcal)	단백질 (g)	지질 (g)	당질 (g)	칼슘 (mg)	철 (mg)	나트륨 (mg)	비타민				가격 (원)	식품군	열량비
											A (RA.E)	B1 (mg)	B2 (mg)	C (mg)			
	목표량																
아침																1. 곡류, 전분류 2. 고기, 생선,달걀, 콩류 3. 채소, 과일류 4. 우유, 유제품 5. 유지류, 당류	당질 열량비 % 단백질열량비 % 지방 열량비 % 동물성 단백질비 %
	합 계																
	충족률 (%)																
점심																1. 곡류, 전분류 2. 고기, 생선,달걀, 콩류 3. 채소, 과일류 4. 우유, 유제품 5. 유지류, 당류	당질 열량비 % 단백질열량비 % 지방 열량비 % 동물성 단백질비%
	합 계																
	충족률 (%)																
저녁																1. 곡류, 전분류 2. 고기, 생선,달걀, 콩류 3. 채소, 과일류 4. 우유, 유제품 5. 유지류 당류	당질 열량비 % 단백질열량비 % 지방 열량비 % 동물성 단백질비 %
	합 계																
	충족률 (%)																
총 합 계																	

2) 원가관리

(1) 원가의 요소

- 식재료비 : 주식비, 부식비
- 인건비 : 급료, 임금, 각종 수당, 상여금, 퇴직금
- 경비 : 식재료비와 인건비를 제외한 모든 비용으로 수도광열비, 전력비, 보험료, 감가상각비, 기타 잡비 등을 말한다.

위의 세 가지 요소는 정해진 회사의 예산에 맞게 진행하며, 각 요소는 상황에 맞게(회사 상황) 비율을 정한다.

(2) 식단가 원가관리

- 1인당 급식 적정량을 산출
- 일일, 주간 재고조사를 통해 목표한 식재료비를 파악한 후 발주한다.
- 식재료비에 영향을 미치는 요소(식품의 부패, 전처리 과정에서의 낭비, 조리 시의 식품량 변화, 생산량 과다, 급식 적정 배식 실패)를 파악한 후에 발주하여 원가를 관리한다.

【표 1-37】 급식 월말보고서 서식 예

【급식 월말보고서 __월】

결재			

1. 급식 인원

구 분	조식	중식	석식	야식(간식)	계	전월 비고
식사 인원						/(증감↑↓)

2. 경비 지출 내역

구분	내역	금 액				1식당 단가	전월 비고
		전월이월액	구입액	금월사용금액	잔액		
직접비	주 식 비						금액 : 원(↑↓) 단가 : 원(↑↓)
	부 식 비						
	소 계						
간접비	수도광열비						금액 : 원(↑↓) 단가 : 원(↑↓)
	소 모 품 비 (비 품 비)						
	인 건 비						
	소 계						
합 계							/(증감↑↓)

3. 식권 판매 수입금

구 분	식 수	단 가	수입 금액	전월 비고
계				/(증감↑↓)

4. 기타 사항

가. 특기사항 : 나. 운영평가 :

※ 첨부자료 ① 주·부식 수불 명세서 ② 거래처별 구매 내역서

07 안전관리

1) 산업안전

(1) 산업재해(산업안전보건법 제2조)

산업재해라 함은 근로자가 업무에 관계되는 건설물·설비·원재료·가스·증기·분진 등에 의하거나 작업 기타 업무에 기인하여 사망 또는 부상하거나 질병에 이환(罹患 : 걸리다) 되는 것을 말함

(2) 급식 재해 발생 형태별 재해 예방대책

작업장 내 위험 요인을 공유하여 재해를 예방한다. 조리장의 특성상 설비 개선이 어려우며, 넘어지고 베임 등 재해가 많음으로 위험 요인을 공유하는 스티커 및 안전사고 예방교육을 한다.

화상 발생 요인	재해 예방대책
• 뜨거운 식자재를 운반하던 중 운반통로 상의 구조물, 장애물 또는 보행자와의 충돌에 의한 화상 • 튀김이나 국솥에서 작업 시 내용물(식용유, 국등)이 얼굴에 튀어 화상 • 압력이 걸린 조리기구를 함부로 열어 고온의 스팀 접촉에 의한 화상 • 오븐, 뜨거운 용기, 압력솥, 조리용기 등 사용 시 미끄러짐 또는 부주의로 화상	• 무거운 국통은 운반기구를 사용해야 하며, 부득이한 경우에 2인 이상 함께 운반한다. • 압력이 있는 경우 임의 개방을 금지한다. (압력 배출 완료 후 개방) • 끓는 액체 주변은 항상 정리 · 정돈한다. (뜨거운 액체 가까이에 놓인 용기가 넘어져 2차 화상 사고 방지) • 화상주의 표지 게시, 안전 작동 방법 게시, 개인보호구(미끄럼 방지용 장화 및 보안경 등)를 착용한다.

넘어짐 & 미끄러짐& 재해 발생 요인	재해 예방대책
• 식자재의 인력 운반 작업 시 바닥의 이물질 또는 물기 등에 미끄러짐 • 조리 작업 중 바닥의 기름으로 인한 미끄러짐 • 트렌치 덮개가 탈락되어 배수로에 걸려 넘어짐 • 장애물(문턱, 배관, 패인 곳 등)로 인해 넘어짐	• 조리실 바닥의 물기 및 이물질(조리 작업 중 발생된 음식물, 기름 찌꺼기)을 수시로 제거한다. • 조리실 작업자는 미끄럼을 방지할 수 있는 신발 또는 장화를 착용한다. • 전용 작업대(안전사다리) 및 작업 발판을 사용한다. • 배수로에 설치된 덮개(트렌치)는 청소 후 즉시 원위치 시켜 덮어 둔다.

베임 & 끼임 & 절단 발생 요인	재해 예방대책
• 장갑을 착용하지 않고 맨손으로 칼질을 하다 베임 • 채소절단기 사용 시 누름봉 미사용으로 끼임 • 작업대나 선반, 트렌치 뚜껑 등 날카로운 모서리에 베임 • 식기세척기 청소 시 전기를 차단하지 않고 문을 열어 내부를 닦다가 고정되지 않은 문이 내려와 머리나 손이 끼임	• 채소절단기 및 믹서기 사용 시 - 재료를 투입할 때는 손으로 하지 말고 반드시 누름봉을 사용하여 넣는다. - 청소 및 이물질 제거 작업 시에는 반드시 전원을 끄고 정지된 상태로 안전하게 한다. - 투입구로 장갑이나 옷자락이 말려들어 끼임 사고가 발생하지 않도록 주의한다. • 식기세척기 사용 시 - 세척기 작동 도중에 기구의 끼임으로 멈춤 상태가 발생 시 성급하게 배출구에서 기구를 꺼내지 않는다.

화재 발생 요인	재해 예방대책
• 전기기계기구 합선(문어발식 콘센트), 과부하, 과열 등으로 인한 화재 • 전선 접속부 불량에 의한 과열로 인한 화재 • 조리 중인 음식물의 과열로 인한 화재 • 가스 누출로 인한 화재 • 화재 발생 시 초동 조치 미흡으로 인한 화재 확산 • 과열이 되기 쉬운 가전제품, 보일러 등의 무리한 사용으로 인한 화재	• 조리 중인 음식물은 높은 온도에서 과열되지 않도록 온도와 상태를 옆에서 세심하게 살펴본다. • 후드 내부에 인화 방지망이 없으면 반드시 설치하고 정기적으로 청소하여 연기 배출 능력이 저하되지 않도록 한다. • 평소 소화기 사용 방법 및 비치 장소를 숙지하고 적정 위치에 비치한다. • 가스 누출 시 예방대책 - 가스 냄새가 나면 가스기기의 밸브를 잠근 후 최대한 빨리 중간 밸브, 용기 밸브, 혹은 메인 밸브를 모두 잠가야 한다. - 가스 밸브를 잠근 후 창문과 출입문 등을 모두 열어 환기를 하면서 방석이나 부채 등으로 가스를 쓸어낸다.

■ 안전한 급식소를 만들기 위한 다양한 안전관리 교육을 한다.

무엇을 해야 할까요?

이렇게 활용해요!

01 준비단계 | 02 조리단계 | 03 운반단계

대상자 | 조리종사자, 홀서빙
대상작업 | - 조리실 화기 사용 - 뜨거운 음식 운반
부착장소 | 뜨거운 물체 주변 (국솥, 오븐, 튀김기 등)
재해유형 | - 화상 - 부딪힘 - 넘어짐

이렇게 활용해요!

01 준비단계 | 02 조리단계 | 03 운반단계

대상자 | 조리종사자
대상작업 | 칼, 가위 등을 사용한 조리작업
부착장소 | 조리실 내부
재해유형 | 베임

대상자 | 조리종사자, 홀서빙
대상작업 | - 조리실 또는 홀 이동 - 운반작업
부착장소 | 홀 또는 조리실 내부 미끄러운 장소
재해유형 | - 부딪힘 - 넘어짐

대상자 | 청소작업자
대상작업 | 트랜치, 그리스트랩 등 청소
부착장소 | - 싱크대 앞 - 트랜치 등 보유 장소
재해유형 | 넘어짐

(3) 발생 형태별 1차 응급처치 요령

< 가스 사고 발생 시 >

① 당황하지 말고 침착하게 응급조치를 하여야 하며, 가스안전공사나 업체에 연락한다.

② 즉시 코크, 중간 밸브, 메인 밸브까지 모두 잠그고, 가스의 공급을 차단한다.

③ 연소기 사용을 중지한다.

④ 문, 출입문 등을 모두 열고 빗자루, 방석, 부채 등으로 쓸어낸다.

- 도시가스는 공기보다 가벼워 천장으로 확산되므로 실내 상부에 창문을 연다.

⑤ 가스 누출 시 전기기구를 켜거나 끄지 않는다.

⑥ 가스 누설 시에는 연소기 밸브를 신속히 잠그고 젖은 수건 또는 껌 등으로 응급조치를 한다.

⑦ 가스를 흡입했을 경우 독성은 없지만 산소 결핍을 일으키므로 신선한 공기를 마시게 해야 하며 호흡이 곤란한 경우 인공호흡, 산소흡입 등을 실시한다

< 화상 사고 발생 시 >

① 화상 부위를 찬물에 담그고, 달라붙은 옷을 억지로 떼지 않고, 물집을 함부로 터뜨리지 말고, 보건실에 연락 후 신속히 병원으로 이송한다.

② 화상 부위가 크거나 화재 현장에서 입과 코가 그을려 뜨거운 연기를 맡았다고 생각되면 보건실에 연락하고 119를 불러 바로 응급실로 이송한다.

③ 물집 잡힌 2도 이상의 화상을 입은 경우 즉시 보건실로 연락하고 병원 이송한다.

④ 전기에 의한 화상을 입은 경우 보건실 연락 후 병원으로 이송한다.

< 낙상 사고 발생 시 >

① 낙상 시 우선 보건실에 연락한다.

② 통증이 심하거나 출혈이 있을 경우 먼저 의식이 있는 상태라면 아픈 부위가 어디인지를 확인한다. 그리고 심하지 않으면 일어서서 움직여 본다. 경미할 경우 소염 진통제를 먹고 통증이 적은 자세로 누워 지내면 통증이 많이 감소된다.

③ 골절이 의심되는 심한 통증이 있을 때에는 함부로 움직이지 말고 그대로 있어야 하고 보건실에 연락하고 응급 구조대(119)에 도움을 받아 병원으로 이송한다.

④ 출혈이 있을 경우에는 얇은 천으로 먼저 지혈을 하고 출혈 부위를 심장보다 높게 들어준다. 이어 골절된 부위를 차갑게 냉찜질시켜 주며 부목을 대고 압박붕대로 감아 고정시킨다.

< **절단 사고 발생 시** >

① 직접 압박으로 지혈을 하고 사지를 높게 올리고 병원으로 이송한다.

② 절단 부위를 찾아 되도록 부상자와 신속히 병원으로 이송한다.

③ 절단 부위를 처치할 경우

- 깨끗한 물로 씻어서 이물질을 제거하고 문지르지 않고 살균한 마른 거즈나 깨끗한 천으로 싼다.
- 절단 부위를 비닐봉지나 봉기에 담아 얼음이 든 아이스박스에 담고 즉시 병원으로 이송한다.

※ 절단 부위를 차갑게 보관하지 못하고 6시간이 경과되면 살릴 가능성이 희박해진다. 차갑게 보관할 경우 최장 18시간까지 생존 가능하며, 근육은 피가 안 통하면 4~6시간 안에 기능이 상실한다.

< **심장마비 발생 시** >

재해 발생 시 고령의 조리 종사원에게 심장마비 증상이 나타날 수 있지만 당황하지 말고 상황에 맞는 위기 대응 과정을 알아보고 신속하게 실시하도록 한다.

① 첫 번째 사슬: 환자를 발견한 목격자가 신속하게 심정지를 확인하고 119에 신고한다.

② 두 번째 신속한 심폐소생술을 실시한다.

- 심장마비가 발생하면 온몸으로 혈액순환이 중단되기 때문에 바로 조치하지 않으면 심각한 뇌 손상이 일어날 수 있고, 뇌는 혈액 공급이 4~5분 중단되어도 영구적으로

손상될 수 있다.

③ 세 번째 사슬: 환자 주변에 비치되어 있는 자동 제세동기나 119 구급차에 비치된 자동제세동기를 이용하여 현장에서 제세동 처치를 실시한다.

④ 네 번째 사슬: 의료기관에 도착한 후 의료진에 의한 효과적인 전문 소생술이 시행된다.

⑤ 다섯 번째 사슬: 심장 박동이 회복된 뒤에 전문 의료기관에서 저체온 치료, 관상동맥중재술 등의 통합적인 중환자 치료가 시행된다.

이렇게 활용해요!

대상자 | 관리자

내용 | 응급처치 관련

부착장소 | 작업장 내 한 눈에 보이는 곳

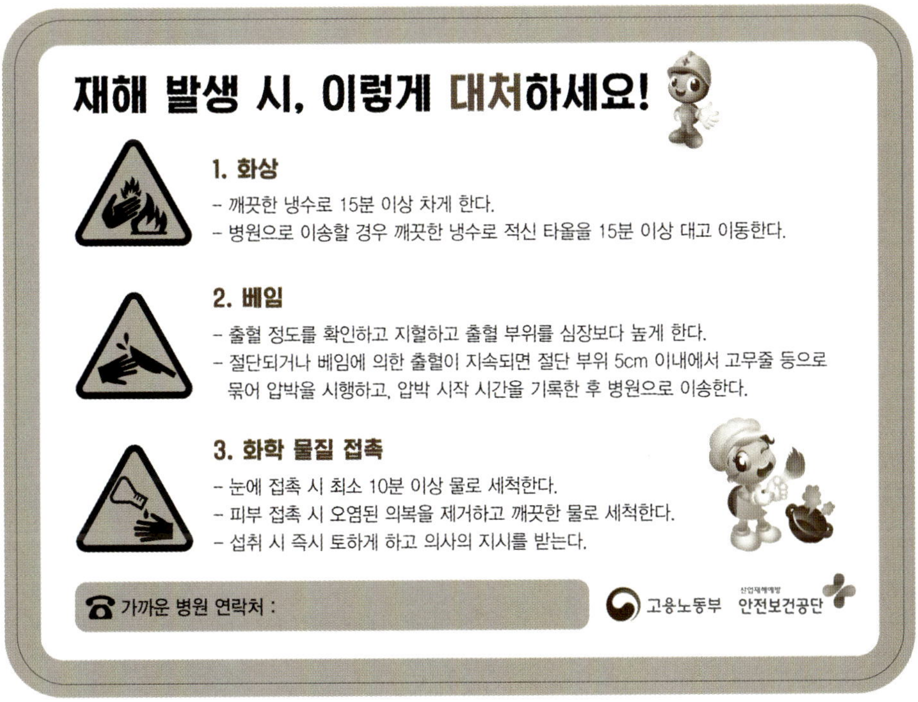

【표 1-38】 가스 및 전기안전점검표 서식 예

【가스 및 전기안전점검표】

년 월 일

항목	점 검 사 항	점검 결과
가스	1. 배관이나 호스가 손상된 곳은 없는가? 2. 배관 호스의 연결부 비눗물 점검 결과 누출된 곳은 없는가? 3. 중간 밸브는 견고하게 고정되어 있으며 작동은 잘 되는가? 4. 보일러실 배기통은 막히지 않고 잘 빠져나가는가? 5. 보일러실의 급기구나 환기구는 막히지 않았는가? 6. 가스경보기는 작동이 잘 되고 있는가? 7. 작업이 끝난 후 가스 밸브는 꼭 잠갔는가?	양호 · 불량 양호 · 불량 양호 · 불량 양호 · 불량 양호 · 불량 양호 · 불량 양호 · 불량
전기	8. 전기배전판의 누전차단기가 제대로 작동하는가? 9. 전선과 코드가 마모된 부분은 없는가? 10. 작업이 끝난 후 전선의 정리는 잘 되었는가? 11. 작업이 끝난 후 전체 전원스위치를 off 시켰는가?	양호 · 불량 양호 · 불량 양호 · 불량 양호 · 불량
화재 예방	12. 소화기는 제자리에 눈에 띄게 설치하였는가? 13. 소화기 상태는 어떠한가?	양호 · 불량 양호 · 불량
비고		

점검자(조리원) : ㉐

확인자(영양사) : ㉐

08 급식관리 평가

1) 단체급식 평가

급식 평가의 가장 큰 목적은 고객 만족도를 높이기 위한 것이며 이를 위해 여러 가지 방법으로 급식 평가를 실시하여 질 좋은 급식 서비스를 제공하는 데 반영한다.

메뉴 평가는 식사계획에서 중요한 과정으로 고객(급식 대상자) 만족과 합리적인 급식관리를 위하여 실시한다. 고객관리 차원에서 당일 메뉴의 맛과 선호도를 평가하는 잔반 평가, 메모판, 고객 라운딩, 개별 대화, 설문지 조사인 기호도 조사나 고객 만족도 조사 등이 있다.

(1) 급식 평가 방법

① 관찰에 의한 평가

- 매일 식사 섭취 기록표
- 자기 평가에 의한 영양작성표
- 관찰에 의한 주관적 영양판정법

② 질문에 의한 평가

- 급식 대상자의 식습관, 식사 형식의 상태, 기호의 상태, 희망 등에 관한 질문지를 이용

(2) 평가와 활용

① 공정 개선 측면에서의 평가(생산성 평가)

〈성과 측정을 위한 운영지표〉

식사/작업 시간	제공된 총식사(1일)/작업 시간(1일)
시간/식사	노동 시간(1일)/제공된 총식사(1일)
임금 비용(1일)	각 종업원의 평균 시간 비율의 합 × 전체 종업원의 근무 시간
임금 비용/제공된 식사	1일 임금 비용의 합계/제공된 식사(1일)
노동 비용(1일)	임금 비용 합계(1일)+그 외 모든 직접 노동 비의 합계(1일)
작업 비용/제공된 식사	노동 비 합계(1일)/제공된 식사(1일)

② 메뉴 평가

메뉴 평가는 고객 만족과 합리적인 급식관리를 위해서 반드시 실시되어야 한다. 고객 측면의 메뉴 평가 방법에는 음식에 대한 기호도 조사, 고객 만족도 조사, 잔반량 조사 등이 있다. 음식은 급식 대상자가 즐기는 것에 따라서 맛이 있는 것인지 아닌지를 간단하게 평가하지 않고 외관, 색채, 풍미, 그릇에 담는 모양, 분량 등을 나누어서 관찰 평가한다.

〈메뉴 평가표의 예〉

음식명 :

종류 \ 평가	A	B	C	D	점수
색					
냄 새					
모 양					
질					
창의성					
가 격					
시 간					
계					
평 균					

A: 가장 좋은 상태(4점) B: 보통보다 좋은 상태(3점) C: 보통(2점) D: 좋지 못한 상태(1점)
자료: 대한영양사협회, 2001

③ 메뉴 엔지니어링

마케팅적 접근에 의해 고객 측면과 급식 경영 측면을 종합적으로 평가할 수 있는 기법인 메뉴 엔지니어링이 있다. 메뉴 엔지니어링(menu engineering)은 절차를 통하여 고객의 수요를 증진시키고 아이템별 평균 공헌 이익을 증대시키는 방법을 개발하여 지속적으로 전체 메뉴의 공헌 이익을 증가시키는 데 목적이 있다. 각 메뉴 품목의 판매 비율과 공헌 마진에 따라 크게 4가지 범주, 즉 Star, Plowhorse, Puzzle, Dog로 분류한다.

• 메뉴 엔지니어링의 메트릭스

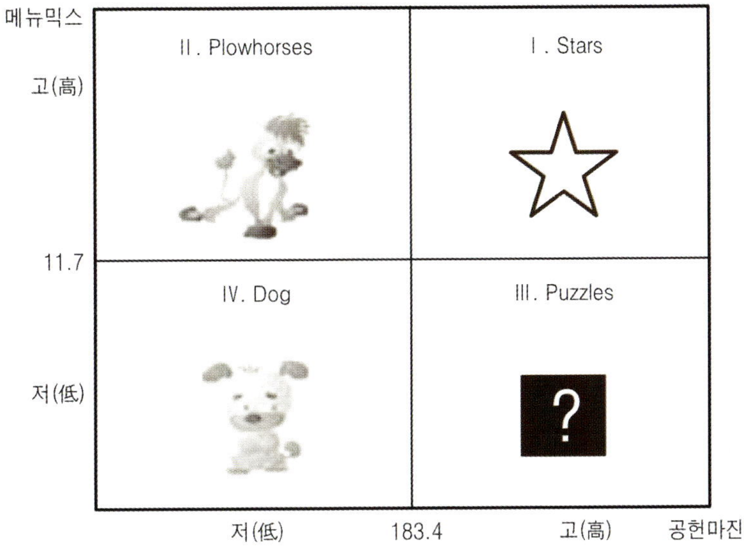

• 메뉴 엔지니어링의 활용

Star는 공헌 마진과 인기도가 높음으로 유지하고, Plowhorse는 공헌 마진은 낮으나 인기도가 높음으로 가격이 재조정되어야 한다.

Puzzle은 공헌 마진은 높고, 인기도가 낮아 메뉴판에서 메뉴의 위치를 재조정할 필요가 있다. Dog는 공헌 마진, 인기도도 모두 낮음으로 다른 메뉴로 교체하여야 한다.

Star	➡	1. 인기와 이윤이 높은 아이템 2. 대부분 그 급식소의 대표적인 메뉴 3. 품질과 1인 분량 - 표준화, 규격화	➡	Retain(유지)
Plowhorse	➡	다소 인기는 있지만 공헌마진이 낮은 메뉴	➡	Reprice (가격 재조정, 재료비를 줄임)
Star	➡	공헌 마진은 높지만 인기가 낮은 아이템	➡	Repositioning (위치 재조정, 가격을 낮춰서 수요 증가)
Star	➡	인기도 없고 마진도 없는 메뉴	➡	Replace (다른 메뉴로 교체하거나 메뉴 제거)

(3) 관능평가(sensory evaluation)

관능검사는 인간의 감각을 통해 음식의 텍스처, 외관, 향미를 측정하고 음식에 대한 수용도를 측정하는 방법이다.

풍미(flavor)	향(aroma)
음식의 질감(결, 조직)과 점성	습기(수분함량)
배합 재료의 균형	색상
온도	전반적인 수용도

① 평가에 들어가야 할 사항

대부분의 경우 평가의 기준과 기대 및 특성은 주어지게 되는데, 평가표의 내용에는 다음과 같은 항목들을 포함한다.

음식명	날짜
수행 지침, 평가 방법	평가 척도
평가 항목	결과 요약하기 위한 표
결과 분석 계획	평가 의견

2) 영양관리 평가

영양계획을 기준으로 하여 작성된 식단을 실제로 조리·배식한 것에 대하여 식사계획, 영양계획이 적정하게 이루어졌는지를 검토하는 것을 목적으로 한다.

(1) 방법

① 실시된 식단을 영양출납표에 기재하고 식품군별 평균 급여량, 영양 비율을 산출해서 영양계획과 비교하여 평가한다.

② 일일 식단의 급여 영양량에 따라 기준 영양 소요량에 대한 충족률을 구해서 각 영양소의 변동을 평가한다.

③ 급식의 섭식 상황(잔식 조사), 급식에 대한 평가, 피급식자의 식생활 조사를 해서 식사계획, 영양계획이 잘 되었는지를 검토한다.

(2) 평가와 활용

① 평균 급여영양량은 기준 영양소요량을 충족시켜야 한다. 지질의 과잉, 미량영양소가 부족할 경우 식품 구성의 충족 상황, 섭취 상황 등의 문제점을 찾아내어 대책을 마련한다.

② 일일 급여영양량과 기준 영양소요량의 차의 변동 폭이 작을수록 좋다. 각 영양소량의 변동 폭이 ±10% 범위 이내이어야 한다.

③ 영양계획은 대상 집단의 영양소요량이나 식생활 실태를 파악해서 피급식자에게 적합한 급여영양량, 급식의 내용을 고려하여 식품 구성을 작성한다.

④ 집단의 식사평가에서는 평균필요량, 상한섭취량을 주로 활용하며, 권장섭취량은 집단의 영양소 섭취기준을 평가하는 데 사용하지는 않는다. 집단의 식사평가에서 평균필요량은 집단 내에서 부적절할 섭취자의 비율을 확인하는데 사용하며, 상한섭취량은 집단 내에서 과잉으로 섭취하는 비율을 확인하는데 활용할 수 있다.

- 형성적 평가(formative evaluation) : 계획을 실시하면서 개선하기 위한 평가 방법
- 총괄적 평가(summative evaluation) : 실시에 대한 결과를 평가하는 방법

3) 적온 급식관리

음식을 적온 상태로 제공하기 위하여 배식 시간에 맞추어서 조리 작업 계획과 보온·보냉기기를 활용할 수 있으며, 배식한 식사가 적온 상태인지의 실태를 파악하고 적온 급식 방법을 검토하는 것이 목적이다.

(1) 방법

① 적온 급식하는 방법

배식 온도를 올리는 방법으로는 상차림 온도, 식기의 재질, 덮개의 유무, 식기의 보온 등의 조건을 설정하여 각각의 조건에 적합한 음식의 온도 하강을 기록한다.

② 온장고 이용 방법의 검토

온장고의 설정 온도를 높게 하고 음식의 자체 온도도 높게 하는 것이 좋으며, 온도와 보온 시간이 음식의 품질에 영향을 미친다.

온장고의 설정 온도와 보온 시간의 조건을 설정해서 각각의 음식에 보온한 것과 보온하지 않은 것을 비교하여 외관, 색, 텍스처, 맛 등의 관능검사를 하고 중량 변화도 기록한다.

4) 대량 조리의 품질관리

일상적으로 일정한 품질을 유지하여 제공되도록 하고, 조리된 음식의 평가와 조리 과정 중에 관찰한 기록으로부터 품질관리, 조리 조작의 표준화를 검토하는 것을 목적으로 한다.

(1) 방법

① 실시 식단의 각각의 음식에 대하여 조리 과정을 관찰하여 기록한다. 조리 방법, 조리 조건이 다른 경우에는 서로 비교 실시해 본다. 이때 맛을 손실시키지 않는 범위에서 조건을 설정한다.

② 음식에 대하여 관능검사를 한다.

③ 피급식자에게 설문조사를 한다.

(2) 평가와 활용

관능검사 결과와 설문조사 결과를 조리과정 중 관찰 기록해서 각각의 음식 품질관리, 작업 능률을 고려해서 조리 조작이 표준화되도록 검토한다.

5) 위생관리

급식은 위생적이며 안전한 상태로 제공해야 하고, 이를 위해서 정기적으로 또는 수시로 시설설비, 식단, 조리, 배식의 모든 과정에서 조리원 각자의 위생 상태를 파악하는 것을 목적으로 한다.

(1) 방법

① 위생점검표에 따른 평가

- 점검표 항목과 평가 기준을 설정해서 문제점을 찾아낸다.
- 조리 종업원에 관한 것(복장·손의 청결 상태, 상처의 유무 등)
- 식품의 위생적인 취급(조리 과정, 식품·조리의 보관 온도, 가열조리의 내부 온도 확인)
- 시설·설비·기구에 관한 것(냉장·냉동고의 온도, 기기류의 사용 구별 등)

② 조사, 실험에 따른 평가

- 세균검사는 대장균, 포도상구균, 살모넬라균의 간이 검출지를 사용해서 시설설비와 식기 기구의 사용 전과 사용 중, 사용 후, 조리 중 조리원의 손, 검수한 식품부터 조리 과정을 거친 음식에서 상차림까지 모든 실험을 시험을 실시하여 문제점과 위생관리 방법을 명확히 한다.
- 식기·기구의 세척 테스트

(2) 평가와 활용

① 위생점검표에 따른 평가는 기록하는 담당자, 책임자, 문제가 있을 때의 보고와 지도가 신속하게 이루어져야 한다.

② 조사, 실험에 따른 결과는 문제점과 적절한 방법을 밝혀서 조리원에 대한 위생교육을 한다.

6) 기호도 조사

급식 대상자의 기호 경향을 알아서 그 결과를 검토해서 식단 작성이나 조리 방법을 개선하는 자료로 활용하는 데 목적이 있으며, 기호도 조사는 정기적으로 실시하고, 피급식자에게 식품이나 요리가 좋은지 나쁜지를 조사해서 급식관리 시 참고한다. 기호도 조사는 되도록 광범위한 식품이나 음식을 대상으로 실시하는 것이 좋으며, 먹은 경험이 없는 식품이나 음식을 대상으로 하는 것은 무의미하다. 음식에 대한 기호도 조사는 주로 리커트 척도를 이용하여 3점, 5점, 7점, 9점 척도를 사용하여 평가한다. 어린이를 대상으로 할 때는 숫자나 단어보다는 얼굴 모양의 'facial hedonic scale'을 이용한다.

(1) 방법

① 설문지 작성

- 대상의 파악 : 성별(남, 여), 연령, 직업, 주거 형태(자택, 하숙), 생활환경, 체위(체중, 신장), 건강 상태 등
- 조사 항목 : 맛, 양, 요리의 조합, 온도

② 조사 방법

조사 방법으로는 질문지법을 가장 많이 사용하고 이것을 점수로 계산하여 수량화하는 방법이 많이 쓰인다.

〈기호도 조사 설문지 예〉

아래의 연결된 음식을 얼마나 좋아합니까? 아래의 그림을 보고 각 음식에 대한 평상시 느낌을 나타내는 칸에 ○표를 해 주십시오. 그 음식이 무엇을 뜻하는지 잘 모를 때는 공란으로 남겨 주십시오.

	매우 좋다	좋다	그저 그렇다	싫다	매우 싫다	매일	1회/1주	2회/1주	3회/1주	전혀먹고싶지 않다
예시	☺	○	◇	△	×					
쌀밥										
보리밥										
콩밥										
팥밥										
완두콩밥										
수수밥										
오곡밥										

자료 : 대한영양사협회, 2001

(2) 평가와 대책

① 급식하기 전에 질문지 조사를 실시하여 피급식자의 대상 집단을 구성하는 사람들을 이해하고 편식하는 기호를 갖고 있으면 이를 개선하기 위하여 지식을 보급하거나 영양 지도를 하는 것이 필요하다.

② 급식 후 조사하는 경우는 피급식자 현황의 급식 만족도를 평가해서 불만족한 경우 개선책을 검토하여 식단 작성 시 자료로 활용할 수 있다.

7) 잔반량 조사

급식 대상자의 급식 후 남긴 음식(잔반, 잔식)량을 조사해서 식사의 양, 질, 맛 등을 검토하여 피급식자가 좋아하는 음식의 경향을 파악한 후 식단 작성이나 조리법을 검토하는 자료로 쓰고 영양교육의 효과를 판정하는 데 사용될 수도 있다.

얼마나 섭취하셨습니까?(각 음식에 대해 해당되는 척도에 ✓로 표시해 주십시오)						
음식명	먹지 않았다	맛만 보았다	조금 먹었다	절반 먹었다	많이 먹었다	전부 먹었다
쌀밥	●	◕	◕	◑	◔ ✓	○
청어양념구이	●	◕	◕	◑ ✓	◔	○

자료 : 대한영양사협회, 2001

(1) 방법

식단의 수용도를 조사하는데 가장 보편적으로 사용되는 방법으로 잔반을 조사하면 급식 대상자의 기호, 각각 음식에 대한 수용도를 평가할 수 있다. 조사 방법에는 저울을 사용하여 잔반량을 직접 측정하고, 육안으로 관찰하여 측정하기도 하고, 자신이 섭취한 양을 직접 평가하도록 하는 자가 기록 방법으로 평가한다.

배식량과 남긴 양, 조리 후 폐기량을 고려한 부분을 제거하고 남은 잔식량을 계측한다. 이것을 측량법에 의하여 계산한다.

$$잔식률 = \frac{잔식량}{배식량 - 용기중량} \times 100$$

잔식률로부터 실제 배식량과 섭취량의 평균치를 구할 수 있다.

잔식량을 급식 대상자 수로 나누어 1인당 평균 잔식률이 잔식한 인원을 급식자 수로 빼고 잔식을 한 사람으로 나누면 구할 수 있다. 잔식 조사는 측량법이 가장 정확한 방법이며, 그 외에도 간단히 조사하는 방법으로 질문지법이나 관찰법이 사용될 수도 있다.

(2) 평가

① 결과의 판정: 잔식률과 잔식자율의 결과로부터 다음과 같은 평가를 할 수 있다.

- 잔식률이 낮고 잔식자율이 낮게 나온 경우: 양과 질이 적절하다.
- 잔식률이 높고 잔식자율이 높은 경우: 급식량이 많거나 맛에 문제가 있을 수 있다.

② 잔식에 대한 원인 검토

급식 제공자 측, 급식 대상자의 원인을 규명해서 식사의 양, 질, 맛에 대하여 검토하여 잔식률이 감소하도록 배려해야 한다.

- 급식 제공자 측의 문제 : 양적·질적으로 부적절, 조리 방법의 부적절, 급식 방법의 부적절, 급식 환경의 부적절 등
- 급식 대상자 측의 문제: 신체적 문제(체질, 질병 유무), 활동량(피로, 과로), 식사습관(편식)

8) 실습 결과에 근거한 평가 내용

평가하기 위하여 다음의 기록용지에 조리·배식·관리 실습의 결과를 기입한다.

① 실시식단표(평가용 식단에 근거)

② 영양출납표

③ 폐기량 계량 기록

④ 조리 조작에 따른 중량 변화 기록

⑤ 식수 기록

⑥ 잔식조사 기록

⑦ 대장균 검출지 검사결과표

⑧ 검식부

⑨ 급식일지

09 다량 조리 실습

1) 계절 식품

봄, 3월	
어패류	넙치, 삼치, 전갱이, 방어, 바지락조개, 대합, 꼬막, 파래
과일류	레몬, 사과
채소류	미나리, 우엉, 쪽파, 콩나물
저장식품	육포(건조), 어포(건조), 김부각(건조), 꼴뚜기젓, 곤쟁이젓, 어리굴젓, 뱅어젓, 된장(장담그기), 간장(장담그기)

봄, 4월	
어패류	전갱이, 고등어, 갈치, 조기, 바지락조개, 대합, 꽃게, 파래, 양미리
과일류	사과
채소류	시금치, 죽순, 머위, 쪽파, 쑥갓, 두릅, 더덕, 콩나물
저장식품	취(건조), 고사리(건조), 고비(건조), 가죽나무순(건조), 조개젓, 황새기젓, 대합젓, 홍합젓, 고추장, 막장, 더덕장아찌, 마늘종장아찌, 마늘잎장아찌

여름, 6월	
어패류	민어, 전갱이, 생멸치, 뱀장어, 홍어, 꽃게, 서대(혀가자미), 성게, 양미리, 갈치
과일류	앵두, 버찌, 참외, 토마토, 매실
채소류	오이, 껍질완두, 아스파라가스, 양배추, 통마늘, 토마토, 우엉, 아욱, 콩나물
저장식품	미숫가루(건조), 멸치(건조), 갈치젓, 새우젓, 오징어젓

여름, 7월	
어패류	민어, 전복, 문어, 뱀장어, 성게
과일류	버찌, 복숭아, 수박, 메론, 비파, 참외, 자두
채소류	오이, 가지, 호박, 감자, 토마토, 부추, 깻잎, 노각, 콩나물
저장식품	감자(건조), 깻잎부각(건조), 어란(건조), 곤쟁이젓, 깻잎장아찌, 고추장아찌, 오이장아찌, 오이지, 오이피클

봄, 5월	
어패류	황석어, 전갱이, 고등어, 갈치, 뱀장어, 홍어, 대합, 꽃게, 서대(혀가자미), 민어, 양미리
과일류	여름귤, 딸기
채소류	껍질완두, 아스파라거스, 머위, 양배추, 우엉, 쪽파, 아욱, 쑥갓, 더덕, 도라지, 콩나물
저장식품	굴비(건조), 더덕(건조), 도라지(건조), 김부각(건조), 멸치젓, 조기젓, 소라젓, 준치젓, 더덕장아찌, 마늘장아찌, 양파장아찌

여름, 8월	
어패류	민어, 전복, 문어, 뱀장어, 해파리, 대합, 꼬막, 성게
과일류	포도, 복숭아, 수박, 메론, 참외
채소류	오이, 가지, 호박, 감자, 토마토, 부추, 깻잎, 고구마, 노각, 콩나물
저장식품	애호박(건조), 풋고추부각(건조), 민어(건조), 오징어젓, 대합젓, 풋고추장아찌, 가지장아찌, 오이장아찌, 참외장아찌, 양파장아찌

가을, 9월	
어패류	민어, 고등어, 꽁치, 연어, 뱀장어, 해파리, 대합, 꽃게, 대하
과일류	포도, 석류, 무화과
채소류	가지, 토란, 김장고추,고구마, 싸리버섯, 콩나물
저장식품	가지(건조), 무(건조), 호박(건조), 고구마(건조), 고구마순(건조), 고춧잎(건조), 송이버섯장아찌

가을, 10월	
어패류	갈치, 삼치, 고등어, 꽁치, 도미, 연어, 정어리, 오징어, 해파리, 대합, 꽃게, 대하
과일류	포도, 사과, 감, 배, 석류, 밤
채소류	무, 샐러리, 토란, 송이, 호배추, 고구마, 싸리버섯, 콩나물
저장식품	토란대(건조), 곶감(건조), 표고버섯(건조), 황률(건조), 오징어젓, 무장아찌, 고춧잎장아찌, 송이장아찌, 짠지, 단무지, 동치미

가을, 11월	
어패류	굴, 갈치, 삼치, 가자미, 도미, 대구, 정어리, 오징어, 다랑어, 대합, 서대, 대하
과일류	밀감, 사과, 감
채소류	시금치, 무, 배추, 샐러리, 김장파, 콩나물
저장식품	무청(건조), 무말랭이(건조), 명란젓, 창란젓, 김장

겨울, 12월	
어패류	굴, 게, 가자미, 도미, 대구, 정어리, 오징어, 다랑어, 홍어, 서대(혀가자미), 꼬막, 파래, 대하, 삼치
과일류	밀감, 레몬, 감
채소류	시금치, 무, 배추, 샐러리, 당근, 콩나물
저장식품	육포(건조), 어포(건조), 굴젓, 청국장(장담그기), 메주 쑤기(장담그기)

겨울, 1월	
어패류	굴, 넙치, 삼치, 게, 가자미, 방어, 도미, 대구, 정어리, 다랑어, 홍어
과일류	밀감, 레몬
채소류	당근, 우엉, 콩나물
저장식품	명태(건조), 민어(건조), 대구(건조), 어리굴젓, 명란젓, 창란젓, 청국장(장담그기)

겨울, 2월	
어패류	넙치, 삼치, 가자미, 방어, 대구, 정어리, 다랑어, 홍어, 꼬막
과일류	귤, 레몬
채소류	당근, 달래, 물쑥, 우엉, 고비, 콩나물
저장식품	간장(장담그기), 고추장 담그기(장담그기), 어리굴젓

2) 다량 조리 목록표

【밥류】		【면류】
김치밥	잡채밥	국수장국
굴밥	차조밥	칼국수
강남콩밥	찰밥	떡국
검정콩밥	콩나물밥	짬뽕
김주먹밥	팥밥	만두국
고구마밥	풋콩밥	비빔국수
김치밥	카레라이스	삼선간짜장
녹두밥	무밥	콩국수
대추밥	볶음밥	비빔냉면
돈육채소밥	비빔밥	스파게티
동부콩밥	오곡밥	유부국수
밤밥	밥	자장면
수수밥	채소밥	
완두콩밥	옥수수밥	
약밥	오곡찰밥	
잣죽	자장밥	
잡탕밥		

【국류】		
가지냉국	미역된장국	유부두부국
감자국	배추국	조갯살미역국
감자양파국	북어국	조개된장국
감자다시마국	북어맑은국	조갯살배추국
근대국	솎음배추조개국	콩나물국
건새우아욱국	송이버섯국	콩나물냉이국
감자미역국	쇠고기미역국	콩나물냉국
고사리토장국	쇠고기실파국	콩나물두부국
곰국	쇠고기무국	토란국
감자애호박국	쇠고기맑은무국	표고감자국
굴국	쇠고기채소된장국	표고버섯국
김냉국	쇠고기배추국	표고호박국
냉이국	시금치된장국	햇고사리국
냉이된장국	시금치조갯살국	호박감자국
냉이두부된장국	실파장국	호박오가리국
느타리버섯국	아욱국	홍합무국
당면국	양배추국	홍합미역국
두부된장국	양배추두부국	호박잎국
두부채소국	애호박감자국	
두부어묵새우젓국	애호박양파국	
두부장국	오이미역냉국	
무국	오이냉국	
무다시마국	열무감자국	
무어묵국	열무국	
미역국	영계백숙	
미역냉국	육개장	

【탕류】	【찌개류】	
갈비탕	감자두부찌개	양배추찌개
꼬리곰탕	감자양파찌개	양송이버섯찌개
꽃게탕	꽁치통조림찌개	어묵감자찌개
도가니탕	굴두부찌개	어묵김치찌개
조개탕	달래된장찌개	열무찌개
대구탕	달래무찌개	유부김치찌개
대구매운탕	돈육두부찌개	청국장찌개
동태매운탕	돈육풋고추찌개	콩비지찌개
민어매운탕	돈육호박찌개	표고버섯찌개
우럭매운탕	돈육콩나물찌개	풋고추호박잎찌개
삼계탕	돈육무찌개	호박두부된장찌개
설렁탕	돈육김치찌개	햄김치찌개
조개완자탕	두부된장찌개	쇠고기감자찌개
조기매운탕	두부명란찌개	쇠고기채소찌개
홍합탕	두부새우젓찌개	순두부찌개
추어탕	두부무찌개	북어두부찌개
	무쇠고기찌개	물오징어찌개
	애호박찌개	애호박찌개

【무침류】		
가지나물	쑥갓나물무침	물미역무침
고추잎절임	무짠지	미나리굴무침
두릅나물	오이도라지생채	미나리초무침
굴무생채	오이부추무침	무말랭이무침
김무생채	시금치무침	무생채
노각생채	오이무침	상추겉절이
노가리채무침	오이실파무침	파래무생채
마늘쫑절임무침	오이지무침	파래오이생채
달래냉이나물	오징어무침	파무침
달래무무침	홍어회무침	북어채무침
냉이조개무침	청포묵무침	배추무침
도라지무생채	탕평채	미역오이채무침
더덕무침	참치회무침	콩나물무침
도토리묵무침	대구포무침	

【볶음류】		
가지볶음	비엔나소시지볶음	취나물볶음
가지양파볶음	소시지채소볶음	잡채볶음
감자멸치볶음	쇠고기고추장볶음	마늘쫑볶음
감자볶음	쇠고기오이볶음	떡볶음
감자풋고추볶음	쇠고기채소볶음	제육볶음
건새우풋고추볶음	양송이버섯볶음	잔멸치볶음
고구마줄기볶음	애호박볶음	오이볶음
깻잎볶음	오징어볶음	돈육채소볶음
낙지볶음	오징어채볶음	돈육무볶음
느타리버섯볶음	어묵풋고추볶음	표고피망볶음
닭볶음	우엉볶음	멸치풋고추볶음
대구포풋고추볶음	어묵감자볶음	풋고추쇠고기볶음
두부볶음	미역줄기볶음	멸치볶음
뱅어포볶음	부추잡채	북어채볶음
불고기		

【조림류】		【찜류】
가자미조림	연근조림	가지찜
가지조림	우엉콩조림	꽃게찜
갈치조림	우엉조림	꽁치찜
감자두부조림	제육장조림	달걀찜
감자풋고추조림	임연수어조림	닭찜
달걀조림	조기조림	돼지갈비찜
꽁치조림	닭고기감자조림	쇠고기찜
깻잎조림	콩조림	갈비찜
돈육감자조림	풋고추감자조림	명태찜
두부조림	풋고추조림	(연)북어찜
두부양파조림	풋고추오징어조림	명란달걀찜
멸치풋고추조림	풋고추꼴뚜기조림	애호박찜
명태조림	풋고추고기조림	풋고추찜
무조림	호박조림	
북어조림	소시지케첩조림	
마른새우조림	소시지양파조림	
무풋고추조림	쇠고기감자조림	
삼치조림	쇠고기달걀조림	
병어조림	쇠고기장조림	
어묵조림		

【튀김류】	【구이류】	【적 · 전류】
가자미튀김	가자미구이	떡산적
갈치튀김	고등어자반구이	더덕산적
고구마튀김	갈치구이	두릅산적
감자양파튀김	갈비구이	맛살적
깻잎튀김	김구이	지짐누름적
김부각	꽁치구이	어묵산적
감자크로켓	돈육구이	굴실파전
닭튀김	두부구이	동태전
명태튀김	달걀말이	깻잎완자전
쇠고기튀김	더덕구이	모듬버섯전
새우튀김	임연수어구이	미나리전
새우까스	뱅어포구이	부추풋고추전
돈까스	삼치구이	부추파전
생선크로켓	장어구이	빈대떡 (녹두전)
임연수어튀김	쇠고기구이	새우전
채소튀김	조기구이	소시지전
제육튀김	청어구이	호박전
옥수수튀김	탕수육	홍합전
탕수어		호박완자전
		피망전

【김치류】	【기타】	
깍두기	과일화채	
나박김치	토마토샐러드	
동치미	샐러드	
백김치	과일샐러드	
배추김치	햄오이샐러드	
배추겉절이	햄샌드위치	
포기김치	햄버거	
열무김치		
오이소박이		
알타리김치		

■ 조별 주제 발표 예

조	주제	발표 내용
A	시청각 분야	• 목적 : 조리 · 배식 실습 중의 작업과 완성된 요리를 슬라이드에 정리, 전 기간 중의 실습을 고찰한다. 〈사례〉 식단의 평가, 작업의 특징, 피급식자의 반응 등을 그룹별로 실습 하이라이트로서 정리한다.
B	영양관리	• 목적 : 급식에 있어 영양관리에 대하여 정리한다. 〈사례〉 권장량과 섭취영양량, 식품 구성과 영양출납표, PFC비, 잔반을 제외한 실제 섭취량 등에 따라 영양관리상의 문제점 등을 고찰한다.
C	작업관리	• 목적 : 대량 조리 작업의 특성에 대하여 정리한다. 〈사례〉 조리 공정, 인원 배치, 기기의 사용 방법, 작업 동선을 작업 시간 조사(공정표)로 분석하여 전처리, 가열조리, 뒷정리, 세척, 식당 정비에 대하여 작업을 원활하게 하기 위하여 주의점을 고찰한다.
D	식품관리	• 목적 : 급식에 있어 식재료에 구입, 식재료의 효율적인 이용 방법, 사용상의 주의점을 정리한다. 〈사례〉 식재료 가격과 원가계산, 식재료 가격의 변동(기간 중 가격, 소매물가, 도매물가) 결과
E	위생안전관리	• 목적 : 집단급식에서의 위생관리에 대하여 정리 〈사례〉 위생관리의 필요성, dry system, 대장균 검사 결과 분석, 안전관리의 문제점, 위생관리 점검 사항, 식중독 방지를 위해서는 어떤 점을 주의하여야 하는지 고찰한다.
F	영양교육 계획	• 목적 : 급식을 통하여 급식 대상자에 대한 교육 〈사례〉 실습 중에 계획된 영양교육(메뉴, 매체 등 포함)에 대하여 전 기간을 통하여 실시 후에 평가를 한다.
G	급식 대상자 서비스관리	• 목적 : 급식 대상자에게 맛있는 식사를 제공하기 위해서는 어떤 식사 계획, 서비스 계획이 필요한지를 정리한다. 〈사례〉 기호 조사, 잔반 조사, 급식 대상자 동선, 식사 환경, 적온 서비스 등에 대하여 평가를 한다.

02

시설별 단체급식 실습

I. 산업체급식

01 산업체급식의 이론 및 실제

1) 산업체급식의 목적

사무실, 공장, 군대 등의 집단급식 시설을 대상으로 영양적, 능률적, 위생적인 식사를 제공하는 방법을 학습한다.

2) 산업체급식의 유형

산업체급식은 단체급식 시장 중 가장 큰 규모이며, 공장 및 기업체 사무실, 관공서, 연수원, 기숙사 등에서의 단체급식을 의미하며 종업원의 복리후생으로 실시된다.

- 공장 : 생산을 위한 공장 시설과 건설 현장과 공장부설 기숙사를 말하며 장점으로는 식수가 일정하여 균일한 식비 단가로 식사를 제공할 수 있다.
- 사무실 : 오피스빌딩, 백화점, 언론기관과 각종 정당 및 경제 단체를 말하며 식수의 변동이 큰 단점과 개인 식비 단가가 높은 장점이 있다.
- 관공서 : 행정기관, 입법기관, 사법기관이 포함된다.
- 연수원 : 회사의 연수원, 직업훈련원, 교육훈련원 등 연수를 목적으로 하는 시설이 포함된다.

3) 산업체급식의 특징

① 대상 기관이 사무실, 공장, 연수원, 기숙사 등 매우 다양하여 피급식자의 식습관이 복잡하고 다양함

② 기업체에 따라 경영관리의 방법과 급식비의 차이가 큼

③ 기업체의 특수성에 따라 영양 요구량이 다름

④ 올바른 영양교육과 상담을 통해 근로자의 질병 예방과 바른 식생활 유도에 기여할 수 있음

⑤ 동일한 장소에서 동일한 내용의 식사를 함으로써 동료 간이나 상·하급자와의 연대감이 형성되고 원만한 인간관계가 유지되어 명랑한 직장 분위기를 조성할 수 있음

⑥ 사업체급식을 통해 다수의 근로자가 식사를 제공받음으로써 사업체급식을 통한 합리적인 식품 소비는 국가의 식량 정책 및 식생활 개선에 이바지할 수 있음

4) 급식 운영 형태

경영 형태별	① 직영급식 : 대상 집단의 조직체가 급식을 운영한다. ② 위탁급식 : 급식 운영을 급식의 전문 업자에게 전부 또는 일부 위탁한다. 위탁 방법은 관리비 계약, 식단가 계약 등이 있다. ③ 준위탁, 협동조합 방식 : 경영체와 종업원의 소비생활조합 또는 경영체의 계열 회사가 급식을 운영한다.
운영 경비별	① 설치자 부담 ② 설치자, 피급식자 부담 ③ 피급식자 부담
식사 횟수별	① 1회식 : 주로 점심 ② 2회식 : 아침, 점심이 주이며 산업체, 공장 등 ③ 3회식 : 아침, 점심, 저녁 식사로 공장, 기숙사 등 ④ 기 타 : 산업체의 야근식 및 간식 등
메뉴 형태별	① 정식 방식 : 1회의 식사가 set된 메뉴 ② 카페테리아 방식 : 몇 종류의 요리 중 기호에 따라 선택한다.
배식 형태별	① 카운터 배식 : 요리를 담으면서 피급식자에게 준다. ② 식당 배식 : 식당까지 요리를 운반하여 배식한다(식당과 조리실이 분리되어 있는 경우).
서비스 형태별	① self service : 피급식자가 식사를 직접 받고 식기를 반환한다. ② half self service : 식기 반환은 식사를 제공한 측에서 한다. ③ full service : 배식, 퇴식 모두 식사를 제공한 측에서 한다.

02 산업체급식의 실습

1) 실습 목표

산업체급식 시설의 목적, 특징, 관계 법령을 이해하고, 영양사의 역할과 업무를 실습을 통해서 실무 능력을 배양한다.

2) 실습 시 고려사항

① 각자의 업무에 책임과 성실성을 갖고 실습에 임한다.

- 영양사 : 급식소 특성별 운영 계획에 따른 식단 작성, 검식, 배식 관리, 급식의 위생적인 관리, 종업원에 대한 영양 지도 및 위생교육 등의 직무에 충실한다.

② 사회에서의 조직관리에 대해 연구해 보고 조리원과의 관계를 익혀 본다.

③ 안전관리에 유의한다.

④ 긍적적인 태도로 실습에 임한다.

3) 실습 업무

① 식단표 작성

- 올바른 식생활을 위한 식사의 계획표.
- 음식의 종류와 분량을 표기한 양식으로 매일의 식사 구성에 맞게 식품의 영양, 위생, 능률 등의 조건을 만족하도록 한다

주 간 식 단 표

결재			

년 월 일 ~ 월 일

구분	월(일)		화(일)		수(일)		목(일)		금(일)		토(일)	
	음식명	재료(g)	음식명	재료(g)	음식명	재료(g)	음식명	재료(g)	음식명	재료(g)	음식명	재료(g)
식단												
	kcal/단백질 g		kcal/단백질 g		kcal/단백질 g		kcal/단백질 g		kcal/단백질 g		kcal/단백질 g	
기타 사항	지난 주 :						금주 :					

* 식단은 사정에 따라 변경될 수 있습니다.

1.기관명

② 영양가 산출표 작성

- 식단이 지닌 영양적 특성을 표시하여 자신의 건강에 도움이 되도록 한다.
  (표 1-19 참고)

③ 급식운영계획표: 자체적인 급식 운영을 보다 효율적으로 관리할 수 있도록 급식 운영의 전반적인 내용을 표기한다.

급 식 운 영 계 획 표

<table>
<tr><th>항 목</th><th colspan="10">내 용</th></tr>
<tr><td rowspan="3">급식 대상 인원</td><td colspan="2" rowspan="2">평균 연령</td><td colspan="2" rowspan="2">활동 강도</td><td colspan="6">인 원</td></tr>
<tr><td colspan="2">남</td><td colspan="2">여</td><td colspan="2">계</td></tr>
<tr><td colspan="2"></td><td colspan="2"></td><td colspan="2"></td><td colspan="2"></td><td colspan="2"></td></tr>
<tr><td rowspan="4">영양 목표량</td><td rowspan="2">구 분</td><td rowspan="2">에너지
(kcal)</td><td rowspan="2">단백질
(g)</td><td rowspan="2">지방
(g)</td><td rowspan="2">칼슘
(mg)</td><td rowspan="2">철
(mg)</td><td colspan="4">비 타 민</td></tr>
<tr><td>μg(RAE)</td><td>B_1(mg)</td><td>B_2(mg)</td><td>C(mg)</td></tr>
<tr><td>1일 목표량</td><td></td><td></td><td></td><td></td><td></td><td></td><td></td><td></td><td></td></tr>
<tr><td>중식 비율</td><td></td><td></td><td></td><td></td><td></td><td></td><td></td><td></td><td></td></tr>
<tr><td>식사 인원</td><td>조식 :</td><td colspan="2">중식 :</td><td colspan="2">석식 :</td><td colspan="2">야식 :</td><td colspan="3">계 :</td></tr>
<tr><td rowspan="4">식비 : 원</td><td rowspan="2">구 분</td><td rowspan="2">식재료비</td><td colspan="8">기타 경비</td></tr>
<tr><td colspan="2">수도광열비</td><td colspan="2">소모품비</td><td colspan="2">인건비</td><td colspan="2">기 타</td></tr>
<tr><td>1인당 경비</td><td></td><td colspan="2"></td><td colspan="2"></td><td colspan="2"></td><td colspan="2"></td></tr>
<tr><td>중식 비율</td><td></td><td colspan="2"></td><td colspan="2"></td><td colspan="2"></td><td colspan="2"></td></tr>
<tr><td colspan="2">배식 방법 :</td><td colspan="3">배식 횟수 :</td><td colspan="6">배식 시간 :</td></tr>
<tr><td rowspan="2">조리 조건</td><td>시설 · 설비</td><td colspan="9">주방 lay-out 및 주방기기표 참조</td></tr>
<tr><td>급식실 인원</td><td colspan="9"></td></tr>
<tr><td>비 고</td><td colspan="10"></td></tr>
</table>

④ 잔반 처리 일지: 잔반의 양을 알고 최소로 줄일 수 있는 방법을 모색한다

잔 반 처 리 일 지

( )월 일(요일)		총급식 인원	전처리 단계에서 발생되는 양	배식 후 퇴식구에 버리는 양	배식이 안되고 남은 양	계	1인당 발생량(g)	비고
1								
2								
3								
4								
5								
6								
7								
8								
9								
10								
11								
12								
13								
14								
15								
16								
17								
18								
19								
20								
21								
22								
23								
24								
25								
26								
27								
28								
29								
30								
계								

Ⅱ. 학교급식

01 학교급식의 이론 및 실제

1) 학교급식의 목적

① 성장기 학생들의 정상적인 신체 발달과 활용에 필요한 영양을 제공

② 편식 교정, 바른 식습관 지도 및 영양교육

③ 공동체 의식 및 사회성 함양

④ 국민 식생활 개선에 기여

학교급식의 실습은 심신의 발육기에 있는 아동·학생의 특징을 고려하여 영양적·교육적 측면에서 학교급식의 실제적인 면을 습득한다.

2) 관계 법령

(1) 학교급식 운영의 법적 근거

학교급식법 제1조【목적】 이 법은 학교급식 등에 관한 사항을 규정함으로써 학교급식의 질을 향상시키고 학생의 건전한 심신의 발달과 국민 식생활 개선에 기여함을 목적으로 한다.

학교급식법 시행령 제2조【학교급식의 운영 원칙】 ① 학교급식은 수업 일의 점심시간[「학교급식법」(이하 "법"이라 한다) 제4조 제2호에 따른 근로 청소년을 위한 특별학급 및 산업체 부설학교에 있어서는 저녁 시간에 법 제11조 제2항에 따른 영양관리기준에 맞는 주식과 부식 등을 제공하는 것을 원칙으로 한다.

② 학교급식에 관한 다음 각 호의 사항은 「초·중등교육법」 제31조에 따른 학교운영위원회(이하 "학교운영위원회"라 한다)의 심의 또는 자문을 거쳐 학교의 장이 결정하여야 한다.

7. 급식 활동에 관한 보호자의 참여와 지원에 관한 사항
8. 그 밖에 학교의 장이 학교급식 운영에 관하여 중요하다고 인정하는 사항

학교급식법 시행령 제4조【학교급식 운영 계획의 수립 등】 ① 학교의 장은 학교급식의 관리·운영을 위하여 매 학년도 시작 전까지 학교운영위원회의 심의 또는 자문을 거쳐 학교급식 운영 계획을 수립하여야 한다.

(2) 학교급식 위생관리의 법적 근거

학교급식법 제12조【위생 · 안전관리】 ① 학교급식은 식단 작성, 식재료 구매·검수·보관·세척·조리, 운반, 배식, 급식기구 세척 및 소독 등 모든 과정에서 위해한 물질이 식품에 혼입되거나 식품이 오염되지 아니하도록 위생과 안전관리에 철저를 기하여야 한다.

② 학교급식의 위생·안전관리기준은 교육인적자원부령으로 정한다. 〈개정 2013. 3. 23.〉

학교급식법 시행규칙 제6조【학교급식의 위생 · 안전관리기준 등】 ① 법 제12조 제2항에 따른 학교급식의 위생·안전관리기준은 별표 4와 같다.

② 교육인적자원부 장관은 제1항에 따른 기준의 준수 및 향상을 위한 지침을 정할 수 있다.

02 학교급식 실습

1) 학교급식 영양관리

(1) 학교급식 영양관리의 근거

학교급식법 제11조 【영양관리】 ① 학교급식은 학생의 발육과 건강에 필요한 영양을 충족할 수 있으며, 올바른 식생활 습관 형성에 도움을 줄 수 있는 식품으로 구성되어야 한다.

② 학교급식의 영양관리기준은 교육인적자원부령으로 정한다.

학교급식법 시행규칙 제5조 【학교급식의 영양관리기준 등】 ① 법 제11조 제2항에 따른 학교급식의 영양관리기준은 별표 3과 같다.

② 제1항의 기준에 따라 식단 작성 시 고려하여야 할 사항은 다음 각 호와 같다.

1. 전통 식문화(食文化)의 계승·발전을 고려할 것
2. 곡류 및 전분류, 채소류 및 과일류, 어육류 및 콩류, 우유 및 유제품 등 다양한 종류의 식품을 사용할 것
3. 염분·유지류·단순당류 또는 식품첨가물 등을 과다하게 사용하지 않을 것
4. 가급적 자연식품과 계절 식품을 사용할 것
5. 다양한 조리 방법을 활용할 것

[별표 3] 학교급식의 영양관리기준(제5조 제1항 관련)

구분	학 년	에너지 (kcal)	단백질 (g)	비타민A (R.E.)		티아민 (비타민B_1)(mg)		리보플라빈 (비타민B_2)(mg)		비타민C (mg)		칼슘 (mg)		철 (mg)	
				평균 필요량	권장 섭취량	평균 필요량	권장 섭취량	평균 필요량	권장 섭취량	평균 필요량	권장 섭취량	평균 필요량	권장 섭취량	평균 필요량	권장 섭취량
남자	초1~3학년	534	8.4	97	134	0.20	0.24	0.24	0.30	13.4	20.0	184	234	2.4	3.0
	초4~6학년	634	11.7	127	184	0.27	0.30	0.30	0.37	18.4	23.4	184	267	3.0	4.0
	중학생	800	16.7	167	234	0.34	0.40	0.44	0.50	25.0	33.4	267	334	3.0	4.0
	고등학생	900	20.0	200	284	0.37	0.47	0.50	0.60	28.4	36.7	267	334	4.0	5.4
여자	초1~3학년	500	8.4	90	134	0.17	0.20	0.20	0.24	13.4	20.0	184	234	2.4	3.0
	초4~6학년	567	11.7	117	167	0.24	0.27	0.27	0.30	18.4	23.4	184	267	3.0	4.0
	중학생	667	15.0	154	217	0.27	0.34	0.34	0.40	23.4	30.0	250	300	3.0	4.0
	고등학생	667	15.0	167	234	0.27	0.34	0.34	0.40	25.0	33.4	250	300	4.0	5.4

비고 : R.E.는 레티놀 당량(Retinol Equivalent)임.

1. 학교급식의 영양관리기준은 한끼의 기준량을 제시한 것으로 학생 집단의 성장 및 건강 상태, 활동정 도, 지역적 상황 등을 고려하여 탄력적으로 적용할 수 있다.
2. 영양관리기준은 계절별로 연속 5일씩 1인당 평균영양공급량을 평가하되, 준수 범위는 다음과 같다.
   가. 에너지는 학교급식의 영양관리기준 에너지의 ±10%로 하되, 탄수화물 : 단백질 : 지방의 에너지 비율이 각각 55~70% : 7~20% : 15~30%가 되도록 한다.
   나. 단백질은 학교급식 영양관리기준의 단백질량 이상으로 공급하되, 총공급 에너지 중 단백질 에너지가 차지하는 비율이 20%를 넘지 않도록 한다. 비타민 A, 티아민, 리보플라빈, 비타민 C, 칼슘, 철은 학교급식 영양관리기준의 권장섭취량 이상으로 공급하는 것을 원칙으로 하되, 최소한 평균필요량 이상이어야 한다.

(2) 학교급식 '영양표시제' 시행

- 식당 배식구 옆 또는 각 교실에 식단별 주요 영양량을 표시하여 게시
- 학생들에게 영양에 대한 관심을 제고하여 자기 식생활관리 능력 함양

2) 학교급식 식단 작성 시 유의사항

(1) 건강 지향적이며 성장 발달 단계에 적합한 영양관리

- 학교급식법 제11조 및 시행규칙 제5조의 '학교급식 영양관리기준' 준수
- 곡류 및 전분류, 채소류 및 과일류, 어육류 및 콩류, 우유 및 유제품 등 다양한 종류의 식품을 사용
- 염분·유지류·당류 또는 식품첨가물 등의 과다 사용 제한
- 가급적 자연식품과 계절 식품을 사용하고 다양한 조리 방법 활용

(2) 트랜스지방 섭취 제한 방안 모색

- 성장기 학생들의 건강 증진을 위해 트랜스지방이 포함된 식품 제공 최소화
- 쇼트닝·마가린 등이 함유된 식품 섭취 제한

3) 학교급식 조리 시 유의사항

(1) 초등학교 급식에는 병설 유치원의 급식을 같이 제공하는 경우도 있고, 저학년과 고학년의 차이가 있으므로 국을 끓일 때나 무침, 볶음 등을 조리하는 경우에 저학년용, 고학년용으로 구분해서 조리한다.

(2) 화학조미료는 사용하지 않는다. 화학조미료로 맛을 내는 대신에 국은 다시마와 국멸치, 무, 건새우 등 자연식품을 이용하여 국물맛을 내고 무침은 갖은 양념을 넉넉히 사용한다.

4) 학교급식 경비

학교급식비 관리 : 학교급식 경비 부담 원칙(학교급식법 제8조, 동법 시행령 제9조)

(1) 급식시설과 설비비는 학교 설립·경영자가 부담을 하거나 국가 또는 지방자치단체가 부담한다.

(2) 식품비는 보호자 부담을 원칙으로 하고, 일부는 국가나 지방자치단체의 보조금이 있다.

(3) 운영비

① 급식시설·설비의 유지비: 학교 설립·경영자 부담 원칙

② 종사자의 인건비: 학교 설립·경영자 부담 원칙, 보호자 부담 가능

※ 국민연금, 고용보험, 산재보험, 건강보험, 퇴직금 포함

③ 연료비, 소모품 등의 경비: 학교 설립 경영자 부담 원칙, 보호자 부담 가능

※ 보호자 부담 급식비는 「학교회계 예산편성 기본지침」에 의거 목적 외 사용 금지
식품비 기준 단가에 의한 계획적인 식단 운영으로 월별 균형 유지
급식 학교에서는 학교 운영비에서 급식시설·설비의 유지비 등의 예산 편성

5) 학교급식의 실습 및 평가

(1) 식단표작성

〈월간 식단표〉

요일	월	화	수	목	금
식단					
요일	월	화	수	목	금
식단					
요일	월	화	수	목	금
식단					
요일	월	화	수	목	금
식단					
요일	월	화	수	목	금
식단					

〈한끼 식단표〉

식단명		식품명	1인 분량	
			수량	단위
밥				
국				
반찬 1				
반찬 2				
반찬 3				
김치				
보조식				
과일				

(2) 메뉴별 표준 레시피 1

<table>
<tr><td>음식명</td><td colspan="6"></td></tr>
<tr><td>필요 조리도구</td><td colspan="6">※ 필요한 조리도구가 실습실에 갖추어져 있는지 사전에 꼭 확인한다.</td></tr>
<tr><td>예상 조리 시간</td><td colspan="3">분
(조리전 준비시간 분)</td><td colspan="2">조리담당자</td><td></td></tr>
<tr><td rowspan="15">표준 레시피</td><td rowspan="2">재료명</td><td colspan="2">1인량</td><td colspan="2">총량
100인분</td><td rowspan="2">조리방법</td></tr>
<tr><td>수량</td><td>단위</td><td>수량</td><td>단위</td></tr>
<tr><td></td><td></td><td></td><td></td><td></td><td rowspan="12">전처리과정

조리과정

배식과정

특이사항</td></tr>
<tr><td></td><td></td><td></td><td></td><td></td></tr>
<tr><td></td><td></td><td></td><td></td><td></td></tr>
<tr><td></td><td></td><td></td><td></td><td></td></tr>
<tr><td></td><td></td><td></td><td></td><td></td></tr>
<tr><td></td><td></td><td></td><td></td><td></td></tr>
<tr><td></td><td></td><td></td><td></td><td></td></tr>
<tr><td></td><td></td><td></td><td></td><td></td></tr>
<tr><td></td><td></td><td></td><td></td><td></td></tr>
<tr><td></td><td></td><td></td><td></td><td></td></tr>
<tr><td></td><td></td><td></td><td></td><td></td></tr>
<tr><td></td><td></td><td></td><td></td><td></td></tr>
<tr><td>총</td><td></td><td></td><td></td><td></td><td></td></tr>
</table>

(3) 식자재 검수일지

검수일자: 20 년 월 일
검 수 자:

NO	식품명	단위	수량	단가	금액	원산지	유통기한	제조일	품질상태
1									
2									
3									
4									
5									
6									
7									
8									
9									
10									
11									
12									
13									
14									
15									
16									
17									
18									
19									
20									

(4) 검식일지

조리 후 검식한 후 다음 양식에 작성한다.

식 단		평 가					
		맛	분량	온도	색	형태	질감
점심							

(5) 실습 결과(실습후) 표준 레시피 메뉴별 작성

▶ 일일 메뉴 영양가 분석(연습)

		식품교환수						영양가분석				비고
		아침	오전 간식	점심	오후 간식	저녁	총계	단백질 (g)	지방 (g)	탄수화물 (g)	열량 (kcal)	
곡류군												
어육류군	저지방											
	중지방											
	고지방											
채소군												
지방군												
우유군												
과일군												
계												

▶ 실습 식단(조별 공통)에 대한 영양가 분석(식약처 영양 분석 프로그램, 앱 이용)

끼니	식단명	식품명	식품군	1인 분량 (g)	교환수	단백질 (g)	지방 (g)	탄수화물 (g)	열량 (kcal)	비고
점심										
계										
적용 예정 식단	※ 단체급식에 적용하기 위한 개선점:									

(6) 평가 및 느낀점

평가 & 느낀 점

(식판 그림 & 사진)

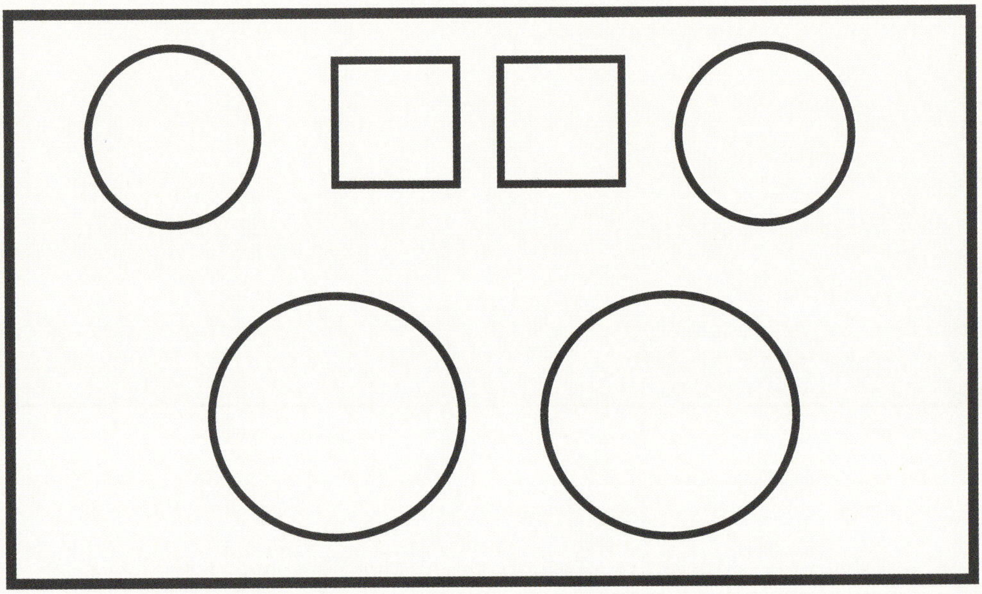

(느낀 점)

III. 병원급식

01 병원급식의 이론 및 실제

1) 병원급식 실습의 목적

병원에서 치료의 일환으로 행해지고 있는 치료식의 실제를 배우고, 이에 따른 급식의 형태, 사무 처리, 영양지도 등에 대하여 습득한다.

(1) 병원 영양부서 업무의 개요

병원급식은 환자 개개인의 질병 종류와 증상에 따라 적절한 식사를 제공하여 질병 치료 및 회복 촉진을 도모하는 데 목적을 두고 치료의 일환으로 제공되고 있다. 병원 영양부서의 업무는 급식관리와 영양관리로 구분되며, 급식관리는 환자에게 제공할 식사를 계획하고 생산, 관리하는 업무이다. 영양관리는 환자의 영양 상태를 평가하고 이를 기초로 영양계획을 수립하며, 계획된 내용을 체계적으로 시행하는 부문으로 환자에게 영양교육, 상담, 영양 지원 등의 방법을 통해 환자의 영양 상태를 향상시키는 임상영양 치료의 전문적 영양 서비스를 제공함으로써 진료 부서를 지원하는 업무를 담당하고 있다.

(2) 임상영양 치료

영양관리 과정(NCP)은 모든 환자/집단에 대한 영양관리를 표준화된 과정을 의미하며 4단계로 수행한다.

① 1단계 영양판정

영양판정은 영양 관련 문제, 원인을 알아내는 필요한 자료를 수집, 확인하고 해석

하는 과정이다. 영양판정 과정은 환자의 초기 영양평가 또는 영양검색 후 환자 영양관리가 도움이 되는 시점에서 시행한다. 영양판정을 통해 영양문제를 진단하고 PES(문제, 원인, 징후/증상) 진술서를 만든다.

② 2단계 영양진단

영양문제/진단은 영양판정과 영양중재 사이의 단계이다. 확인한 영양문제는 영양중재를 통해 해결하거나 징후/증상을 개선할 수 있다. 이 단계에서 영양진단을 하거나 PES 진술문을 작성한다. PES 진술문은 문제(problem P), 원인(etiology E), 징후/증상(sign and symptoms S)에 해당하는 내용을 제시한다.

③ 3단계 영양중재

영양중재는 NCP의 세 번째 단계이다. 영야중재는 확인된 영야문제를 해결하기 위한 과정이다. 개인, 집단, 지역사회를 대상으로 한다. 영양과 관련된 행동, 환경적 조건, 영양건강 측면의 변화도 포함한다.

④ 4단계 영양 모니터링 및 평가

영양 모니터링 및 평가의 목적은 환자의 상태가 개선되었는지 또는 영양중재 목표를 달생했는지를 확인하는 과정이다. 영양중재 계획 시 예상하는 영양중재 결과가 있어야 하며, 영양 모니터링 및 평가 지표에 따라 평가한다.

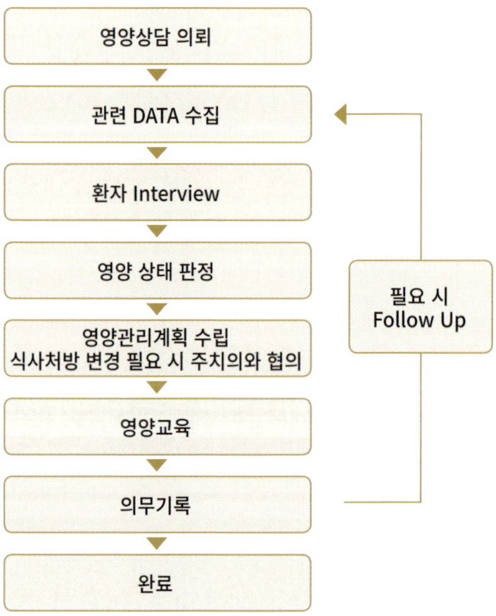

(3) 병원급식의 특징

① 일반식을 포함하여 환자의 연령별, 질병에 따라 영양소 및 음식의 질감을 조절한 다양한 치료식을 제공하므로 생산성이 낮다.

② 일요일 및 공휴일에도 급식이 진행되고 병실로 직접 배식하여 인건비 부담이 크다.

③ 계속되는 입원과 퇴원으로 끼니마다 식수 및 식사 내용을 확인해야 한다.

④ 연중무휴인 관계로 조리기기나 설비를 점검, 수리할 시간이 충분치 못하다.

⑤ 급식 대상자가 저항력이 약한 환자라는 것을 염두에 두고 위생적으로 안전한 식사를 제공해야 한다.

⑥ 병원급식과 병행하여 제공되는 영양치료는 질병 치료에 영향을 미치는 영양 관련 지식과 식습관 변화를 위한 자가 관리 방법을 환자 및 보호자에게 지도함으로써 기존의 식습관을 개선하고, 식사요법의 원칙을 이해시켜 장·단기적으로 질병 치료 효과를 높일 수 있다.

⑦ 입원 환자 식대 급여화 실시로 환자식 운영은 선택 메뉴, 직영 운영, 영양사 및 조리사 인력에 대한 가산 요인을 고려하여 보건복지부에서 정한 수가 기준 내에서 운영되어야 한다.

⑧ 의료기관 평가 중 '영양평가' 부문으로 병원급식 위생 및 치료식 관리와 영양관리의 분야가 정부 기관 주도하에 정기적으로 평가받는다.

2) 환자식 식사 처방 분류

(1) 일반식

질병 치료에 특정 영양소나 음식의 질감 조정이 필요하지 않은 환자에게 적용되는 식사이다.

① 상식

② 연식

③ 고단백식

④ 치아보조식

⑤ 연하곤란식

⑥ 유동식, 맑은 유동식, 일반 유동식

⑦ 편도선 절제 후 식

⑧ 구강외과식

⑨ 산모식

⑩ 유아식

⑪ 소아식

⑫ 서양식

(2) 질환별 치료식

① 당뇨식

- 일반 당뇨식
- 당뇨 신증식
- 임신성 당뇨식
- 소아 당뇨식

② 체중조절식

③ 신장질환식

- 신부전식
- 신부전 당뇨식
- 혈액투석식
- 혈액투석 당뇨식
- 복막투석식
- 복막투석 당뇨식
- 신증후군식
- 저칼륨식
- 고칼륨식

④ 간질환식

- 저단백, 중단백, 고단백 간질환식
- 저단백, 중단백, 고단백 간질환 당뇨식
- 저구리식

⑤ 위장관질환식

- 소화성 궤양식
- 저, 고섬유소식
- 저잔사식
- 위절제 후 식
- 저지방식
- 유당제외식

⑥ 심혈관계질환식

- 저염식
- 고지혈증식
- 비타민 K 제한식

⑦ 요로결석식

- 저칼슘식
- 저수산식

⑧ 알레르기식

- 저알레르기식
- 특정식품 조정식
- 저살리실레이트식

⑨ 기타 치료식

- 저퓨린식
- 저요오드식
- 고칼슘식
- 항암치료식

⑩ 영양지원

- 구강보충
- 경관유동식
- 정맥영양

⑪ 영아조제분유

- 신생아 조제유
- 미숙아 분유
- 아기설사 분유

⑫ 검사식

- 위배출능 검사식
- 연하장애 검사식
- 심근 검사식
- 담도계 검사식
- 지방부하 검사식

3) 식단 작성 지침

(1) 병원별 식단 작성 지침에 따르고 식사 처방 지침서 및 식단 작성 지침서를 기준으로 식단을 작성한다.

① 선택식 메뉴

- 일반식 상식, 연식, 소아식 상식, 연식 대상으로 선택식 운영

- 조식 : 빵식, 중식 : 일품요리
- 연식은 영양죽 또는 흰죽으로 선택

② 개별 조정식 : 우유 대신 두유, 고기 제외 등 환자 기호에 맞게 조정

③ 식단 구성

- 환자식 : 1식 4찬(밥/국/반찬 3/김치)
- 색깔, 모양, 온도, 담기는 용기, 조리 방법, 조리기구 고려
- 예정 원가, 영양가 고려

④ 식단 작성용 식사 분류

- 환자식 : 상식, 연식, 소아식/유아식, 산모식, 선택식 등
- 치료식 :

⑤ 조리

- 실험 조리를 통해 새로운 표준 조리법을 만든 후 여러 번의 실험 조리를 거쳐 표준 조리법을 확정한다.
- 일반식은 100인 분량 표준 조리법을 구축한다.

02 병원급식의 실습

1) 임상영양 실습

(1) 영양 검색

전 입원 환자를 대상으로 입원 이후 48시간 이내 영양 불량의 위험이 있는지의 여부를 확인하는 시스템으로 영양 위험 요인 기준에 따라 영양 불량 환자 및 영양 불량 위험에 있는 환자를 조기에 선별하고 영양 치료를 실시하여 영양 상태를 유지 개선하고 환자의 질병 치료에 도움이 되도록 하는 데 목적이 있다.

① 방법

- 입원 48시간(주말 72시간) 이내에 영양검색 프로그램을 이용하여 영양불량 위험도에 대한 영양검색이 시행된다.

② 검색 후 관리방법

- 영양검색을 시행한 모든 환자는 영양검색에 대한 결과가 EMR(electronic medical record)로 기록된다.
- 위험군으로 분류된 환자를 대상으로 영양불량 환자 관리가 시행된다.

(2) 영양교육 및 상담

- 영양관리는 양양 상태 판정, 영양 치료 계획, 영양 치료 시행 및 모니터링 및 재평가의 과정을 거치며 모든 내용은 의무기록을 남긴다.
- 치료식을 섭취하는 입원 환자에게는 식사 설명문과 함께 식사를 제공하여 식사에 대한 이해를 높이고 섭취량 증진을 도모하여 영양 상태를 향상시키도록 한다.

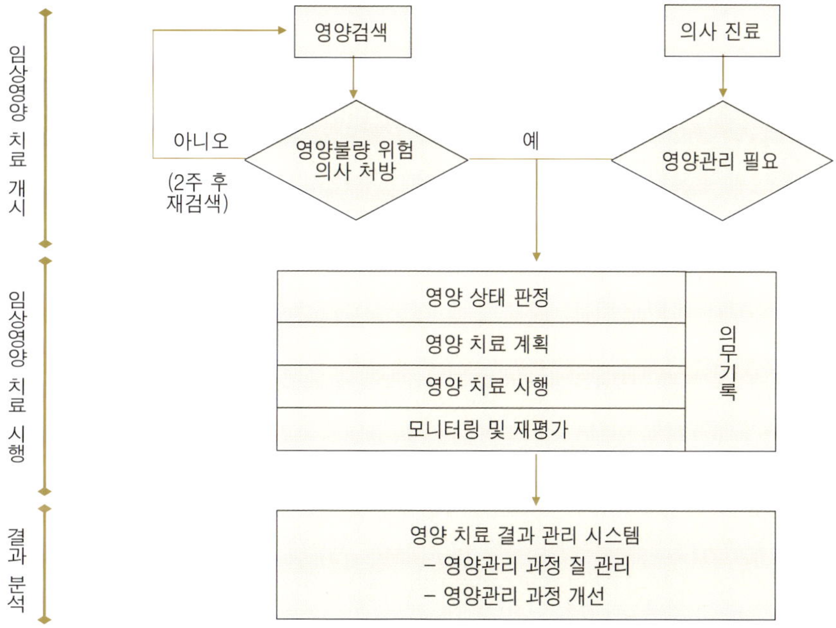

<입원 환자 임상영양 치료 과정>

2) 실습 과제

A. ○○ 병원 내 식사 파일에 있는 내용을 적는다.

■ 질병별

(1) 신장식

종류	지시사항					비고
	에너지(kcal)	단백질(g)	식염(g)	칼륨(mg)	수분(ml)	
급성 신부전식	1,800~ 2,000	30	2,000	1,500	1일 소변배설량 +500ml	

(2) 당뇨식

종류	지시사항				비고
	에너지(kcal)	단백질(g)	지질(g)	당질(g)	
	1,600	65~80	40	220~240	

(3) 위궤양식

종류	지시사항				비고
	에너지(kcal)	단백질(g)	지질(g)	당질(g)	
소화성궤양식	1,600	65~80	40	220~240	

(4) 간장식

종류	지 시 사 항				비고
	에너지(kcal)	단백질(g)	지질(g)	당질(g)	
	2,400~2,700	100~120	50~60	350~380	

(5) 수술 후 식

종류	지시사항				비고
	에너지(kcal)	단백질(g)	지질(g)	당질(g)	
위절제 연식	1,700	75	40	250	
위절제 상식	1,900	80	50	300	

(6) 간염식

종류	지시사항				비고
	에너지(kcal)	단백질(g)	지질(g)	당질(g)	

■ 영양 성분별

(1) 에너지 조절식

종류	지시사항				비고
	에너지(kcal)	단백질(g)	지질(g)	당질(g)	

(2) 단백질 조절식

종류	지시사항				비고
	에너지(kcal)	단백질(g)	지질(g)	당질(g)	

(3) 지질 조절식

<table>
<tr><th rowspan="2">종류</th><th colspan="4">지시사항</th><th rowspan="2">비고</th></tr>
<tr><th>에너지(kcal)</th><th>단백질(g)</th><th>지질(g)</th><th>당질(g)</th></tr>
<tr><td></td><td></td><td></td><td></td><td></td><td></td></tr>
<tr><td></td><td></td><td></td><td></td><td></td><td></td></tr>
<tr><td></td><td></td><td></td><td></td><td></td><td></td></tr>
<tr><td></td><td></td><td></td><td></td><td></td><td></td></tr>
<tr><td></td><td></td><td></td><td></td><td></td><td></td></tr>
</table>

■ 혈액투석식

(1) 염분, 단백질, 칼륨, 인 조절식

<table>
<tr><th rowspan="2">식단</th><th rowspan="2">재료 및 분량</th><th colspan="5">지시사항</th></tr>
<tr><th>에너지(kcal)</th><th>단백질(g)</th><th>염분(g)</th><th>칼륨(mg)</th><th>인(mg)</th></tr>
<tr><td></td><td></td><td></td><td></td><td></td><td></td><td></td></tr>
<tr><td></td><td></td><td></td><td></td><td></td><td></td><td></td></tr>
<tr><td></td><td></td><td></td><td></td><td></td><td></td><td></td></tr>
<tr><td></td><td></td><td></td><td></td><td></td><td></td><td></td></tr>
<tr><td></td><td></td><td></td><td></td><td></td><td></td><td></td></tr>
</table>

B. 다음의 치료식에 대하여 연구하시오.

(1) 경관 영양의 주입물

(2) 임상 검사식

(3) 유아식

C. 병원 내 영양 상담에 대한 요점을 기록하시오.

(1) 당뇨병의 영양 상담

(2) 신장병의 영양 상담

(3) 기타

IV. 보건소

01 보건소의 이론 및 실제

1) 보건소 실습의 목적

지역 보건 활동을 추진하고 있는 보건소(보건의료원 포함)에 보건센터의 업무를 통하여 지역주민의 건강을 유지·증진하는 방법을 실습한다. 보건의료 활동에 의한 영양관리 사업의 개요와 영양사의 활동 내용을 파악하는 일을 목적으로 한다.

2) 보건소 영양 사업 개요

(1) 보건소 영양 사업의 목적

지역주민의 서구화된 식생활, 가공식품의 증가 등 잘못된 식생활과 영양 불균형으로 발생하는 각종 질병을 예방하기 위하여 영양관리와 영양교육 및 의식 고취 등을 통해 각자의 식생활 실천을 유도하여 만성질환의 예방 및 적절한 관리로 건강 증진을 도모하는 것이다.

(2) 보건소 영양 사업의 법적 근거

1995년 1월 5일 국민건강증진법[1), 1995년 12월 29일 지역보건법이 공포되어 영양 개선 사업이 국가와 지방자치단체의 주요 사업으로 명시되었다.

1) 국가법령정보센터 http://www.law.go.kr

'영양 개선'이라 함은 개인 또는 집단이 균형된 식생활을 통하여 건강을 개선시키는 것을 말한다. 영양 개선 사업에는

① 국가 및 지방자치단체는 국민의 영양 상태를 조사하여 국민의 영양 개선 방안을 강구하고 영양에 관한 지도를 실시하여야 한다.

② 국가 및 지방자치단체는 국민의 영양 개선을 위하여 다음 각 호의 사업을 행한다.

1. 영양교육 사업
2. 영양 개선에 관한 조사·연구 사업
3. 기타 영양 개선에 관하여 보건복지부령이 정하는 사업

① 국민건강증진법(1999. 9. 7, 2010.1.18., 2017.12.3 개정)

내 용	국민건강증진법	시행령	시행규칙
정의	제2조(정의)		
영양 개선	제15조(영양 개선)		
국민영양조사	제16조(국민 영양조사 등)		
영양 조사원 및 영양 지도원		제22조(영양 조사원 및 영양 지도원)	
영양 개선 사업			제9조(영양 개선 사업)
영양지도원의 업무			제17조 제2항(시 · 도 영 양지도원의 업무) 제17조 제3항(시 · 군 · 구 영양 지도원의 업무)

② 지역보건법(1999. 2. 8, 2016.11.30 개정)

내 용	지역보건법	시행령	시행규칙
보건소의 업무	제11조(보건소의 업무)		제3조(보건소에서 관장할 수 있는 업무의 예시 등)
전문 인력의 적정 배치	제16조(전문 인력의 적정 배치 등)	제16조(전문 인력의 배치기준)	제5조(전문 인력 등에 대한 교육훈련)

3) 영양관리 사업 계획

보건소의 영양관리 사업에는 다음과 같다

① 영유아·임산부·수유부·노인·환자 및 성인 등의 영양관리 사업

② 영양 및 식생활 교육·홍보

③ 집단급식 시설에 대한 형황 파악 및 급식 업무 지도

④ 그 밖에 영양과 식생활 개선에 과한 사항

(1) 단계별 기본 방향

① 1단계: 기초 조사, 기존 자료 분석, 관련자 의견 수렴 등을 통한 지역사회 진단을 통하여 과학적 근거에 바탕을 두고 사업의 우선순위와 대상자 선정

② 2단계: 건강 증진에 필수적인 영양교육 및 정보 제공을 주민에게 제공할 수 있는 인프라를 보건소 내에 구축

③ 3단계: 영양 사업을 수행하기 위해서 사업 특성별로 외부의 관련 기관 및 인력에서 협력자를 파악하고 연계 방안 마련

④ 4단계: 영양 사업 내용별로 사업계획 수립

⑤ 5단계: 사업을 모니터하고 평가할 수 있는 틀 마련

(2) 지역사회 현황 분석

① 현황 분석

- 현재의 상황과 바람직한 목표와의 차이
- 목표 달성을 위해 해결되어야 할 요인
- 지역의 문제 해결을 위한 능력과 한계

② 현황 분석 목적

- 문제 해결 능력이 지역사회나 보건 기관의 파악
- 영양사의 평가를 위한 기초 자료 확보
- 외부 환경에 따른 영향 분석

③ 현황 분석의 내용

- 지역의 건강 수준은 인구사회학적 특성과 건강수준지표로 나뉜다.
- 인구사회학적 특성 : 인구수, 연령별, 성별, 소득, 교육 수준별 인구, 거주 지역별 인구
- 건강수준지표 : 유병률, 발생률, 사망
- 건강 결정 요인
- 삶의 질
- 지역사회의 관심과 장점 : 지역 주민이나 사업 대상의 관심도, 지역사회의 영양 사업을 위한 자원 여부
- 건강 문제와 해결 능력에 영향을 미치는 외부 환경의 변화 : 지역 건강 수준이나 지역보건 체계, 보건 서비스의 제공에 영향을 미칠 수 있는 외부 환경의 변화

④ 현황 분석을 위해 수집된 자료의 평가

⑤ 수집된 자료의 정리

- 자신에게 가장 적합한 자료의 분류 방법 고려
- 새로운 자료나 정보는 파일 작성 및 보관, 자료 목록을 작성
- 보관된 정보는 정기적으로 검토
- 오래되었거나 필요 없다고 판단되는 정보 삭제

※ 영양 현황 조사 참고자료

- 국민건강영양조사
- 지역별 보건지표조사

(3) 목표

국민의 적절한 영양관리와 영양교육 및 의식 고취 등을 통해 균형 잡힌 식생활 실천을 통하여 개인과 사회의 삶의 질을 제고하고 만성질환의 예방 및 적절한 관리를 하는것

① 단기 목표: 구체적인 영양 사업의 내용

② 중장기 목표: 포괄적이고 광범위한 사업계획

02 보건소 실습

(1) 추진 전략 및 세부계획

① 건강한 식생활에 대한 홍보 강화

- 대중매체를 통한 영양 정보 제공 프로그램 확대
- 리플릿, 홍보 책자 등을 제작 배포 및 참여율 제고
- 효율적인 식품 구매를 위한 소비자 운동 확대

② 지역사회를 중심으로 영양교육 및 영양 상담의 활성화

- 저소득층, 임산부, 노인 등 영양 고위험군의 영양 상태 개선을 위한 프로그램 개발 및 영양교육 확대 실시
- 지역주민을 위한 체계적인 만성질환 관리를 위한 영양교육 및 상담 확대

③ 지역사회 자원의 조직화 및 부문 간 연계 강화

- 사업을 도울 수 있는 지원 단체와 연계 조직을 발굴
- 보건소를 중심으로 지방자치단체, 보육시설, 교육기관, 산업체, 민간단체 등과의 연계 체계 구축 및 운영

④ 영양관리 사업을 위한 기반 환경 조성

- 영양 감시 체계 구축
- 식품 영양 성분 데이터베이스 확대 구축

(2) 영양 업무

보건소 활동의 일환으로 각 부처와 밀접한 연락을 유지하는 데 있다.

보건소에서 관장할 수 있는 영양 개선 사업에 대한 업무는 다음과 같다.

① 영양교육 사업

- 영양지도의 계획·분석
- 영양교육 자료의 개발·홍보 및 영양교육
- 지역 주민의 영양 지도(영유아·임산부·수유부·노인·환자 및 성인의 영양관리) 및 상담

② 영양 개선에 관한 조사·연구 사업

③ 국민 영양 상태에 관한 평가 사업

- 영양조사 및 지역 주민의 영양평가 실시
- 지역 주민의 영양조사 결과 자료 활용

④ 집단급식 시설에 대한 현황 파악 및 급식업무 지도

⑤ 기타 영양과 식생활 개선에 관한 사항

⑥ 효과 판정

〈평가의 유형〉

- 사업에 투입되는 자원의 적절성 평가
- 사업 인력, 시설 및 장비, 정보의 적절성
- 인력의 양적 충분, 전문성 확보력, 사업에 필요한 기술
- 정보의 중요성 부각

〈과정 평가〉

- 사업의 관정과 산출 평가
- 사업 과정의 대상자 참여도, 예산 집행 과정
- 사업계획과 진행 과정을 비교함으로써 목표 달성이 가능하도록 사업 내용 조정
- 목표 달성의 저해 요인을 사전에 시정
- 시기의 적절성, 생산성, 질, 형평성을 평가

〈과정 평가의 구체적인 내용〉

- 사업이 계획한 일정으로 실행되고 있는가?
- 자원은 제대로 지원되고 있으며 효율적으로 활용되고 있는가?
- 사업의 참여자는 누구인가?
- 제공된 서비스의 질과 대상자의 만족도
- 효과적인 사업이 되기 위해 변화시켜야 할 내용은 없는가?

〈결과 판정〉

- 사업의 목적과 목표를 달성하였는가?
- 사업에 의해 야기된 의도하지 않은 효과는 없는가?

- 사업이 형평성의 달성에 기여하고 있는가?
- 조직과 지역사회의 문제 해결 역량이 강화되었는가?
- 사업 전략이 효과적인가?

(3) 과제

A. 보건소 조직도

B. 지역사회의 개요

지역사회 진단 및 현황 분석 현황

① 인구 구성

② 시, 군, 면, 구의 구성

③ 면적

④ 교통

⑤ 식품 및 기타 생필품의 구입 경로

C. 현황 분석에 의한 문제점 파악

① 생활습관병의 이환율과 사망 상황

② 영양 현황조사

- 국민건강·영양조사 결과

- 지역별 보건지표조사

D. 관내 지역사회의 영양관리 사업 활동(예 : 영양 플러스 사업)

구분	현장 실습 내용	교육도구	과제, 평가	담당 영양사
오리엔테이션	- ㅇㅇ 구 영양 사업 - 임산부 및 영유아 영양 플러스 사업 개요 - 영양 플러스 사업 결과 - 실습생 유의사항 및 질문	PPT 유인물	필수	
필수교육 프로그램	목측량 실습 및 1교환단위 암기	리플릿	TEST	
	24시간 회상법 조사 방법 및 실습	24시간 회상법 조사지	결과물 첨부	
	Can-pro 3.0 교육 및 입력 또는 영양 솔루션 입력	CD	결과물 첨부	
	임산부 및 영유아 상담 방법(이유식 등)	유인물		
	영유아 성장발육곡선	유인물		
	식생활 지침(임산부, 영유아)	유인물		
	영양표시 및 식품첨가물 교육	리플릿		
	영양 플러스 가정방문 및 보충 식품 검수 교육	유인물		
	만성질환 상담 및 교육	교제 PPT	요약 제출 및 TEST	
실습기간 업무지원 내용	영양 플러스 영양교육 및 평가 준비, 보조	참여		
	영양 플러스 가정방문			
	영양 사업 지원			
평가내용	학교별 평가 서식에 따라 평가(출석, 실습 태도, 업무수행능력 등)			

V. 기타 시설 급식

01 영유아 보육시설 급식

1) 영유아급식의 목적

급식의 목적은 급식 대상자(영유아)에게 적절한 영양공급과 올바른 식습관을 형성하여 바람직한 체위와 체격, 건강한 체질의 기초가 되고자 함

2) 영유아급식 운영의 법적 근거

> 영유아 보육시설에서 1회 급식 100인 이상인 곳에는 식품위생법 제37조의 규정에 의하여 면허를 받은 영양사 1인을 두어야 한다. 이 경우 보육시설이 인접해 있을 경우 5개 이내 보육시설까지 공동으로 영양사를 둘 수 있다(영유아보육법 시행규칙 제34조, 유아교육법 시행규칙 제3조). 영양사를(5개 이내 보육시설이 공동으로 두는 영양사를 포함한다) 두고 있지 아니한 100인 미만의 영유아를 보육하고 있는 보육시설은 육아종합정보지원센터/어린이 급식관리지원센터/보건소 등의 지도를 받아 식단을 작성한다.

3) 영유아급식의 특징

영유아 보육시설에서는 주중에 오전 7시 30분에서 오후 7시 30분까지 운영하는 것을 원칙으로 하므로 보육시설에서 생활하는 많은 영유아들은 최소 오전, 오후 간식과 점심을 먹

게 되며, 시간 연장형의 경우에는 저녁 식사와 저녁 간식도 제공하게 된다. 성장에 필요한 영양의 반 이상을 보육시설에서 하게 됨에 따라 영유아기의 성정 발달을 고려하여 균형 잡힌 식사나 간식을 제공해야 하며 유아의 소화 능력과 기호를 고려하여 식단을 작성하고 유아들이 즐겨 먹을 수 있는 조리 방법을 개발하는 것은 물론 즐거운 식사가 될 수 있도록 식사 환경을 조성하여야 한다.

02 유치원 급식 실습

1) 목적

유치원에서 온종일 생활하는 유아들을 위해 올바른 위생관리 기준과 균형 잡힌 급식 제공을 위한 영양관리 기준을 제시하고 보다 안전하고 체계적인 급식 운영 내실화

2) 운영

(1) 영양관리

① 유아기에 필요한 영양기준량 적용

연령	열량 (kcal)	단백질 (g)	비타민A (μg RAE)		티아민 (mg)		리보플라빈 (mg)		비타민C (mg)		칼슘 (mg)		철 (mg)	
			평균 필요량	권장 섭취량	평균 필요량	권장 섭취량	평균 필요량	권장 섭취량	평균 필요량	권장 섭취량	평균 필요량	권장 섭취량	평균 필요량	권장 섭취량
3-5세	1,400	20	230	350	0.4	0.5	0.5	0.6	30	40	470	600	5	6

[2015 한국인 영양소섭취기준, 한국영양학회]

- 탄수화물 : 단백질 : 지방의 에너지 비율은 각각 55~65% : 7~20% : 15~30%임

(2) 위생관리

① 급식시설·설비, 기구 등은 청소 및 소독 계획을 수립·시행하여 항상 청결하게 관리

② 식품 취급 및 조리 작업자는 연 1회 건강진단을 실시하고, 그 기록을 2년간 보관

③ 식재료는 적합한 품질 및 신선도와 수량, 위생 상태 등을 확인하여 검수하고 기록

④ 칼과 도마, 고무장갑 등 조리기구 및 용기는 용도별(채소류, 육류, 어패류)로 구분하여 사용하고 수시로 세척·소독

⑤ 식품 취급 등의 작업은 바닥으로부터 60㎝ 이상 높이에서 실시하여 식품 오염 방지

⑥ 조리가 완료된 식품과 세척·소독된 배식기구·용기 등은 시간, 장소를 구분·관리하여 재오염 방지

⑦ 조리 완료 식품은 적정 온도로 빠른 시간 내에 제공

⑧ 감염병의 예방 및 관리에 관한 법률 시행령 제24조에 따라 급식시설에 대하여 소독을 실시하고 소독 필증 비치

(3) 위생 및 안전교육

① 식품 취급하는 사람의 책임과 임무에 대하여 주지시키고 위생관리의 중요성을 자각하게 하여 급식소에서 일어날 수 있는 사고를 미연에 방지

② 식중독, 전염병, 세균, 기생충 등의 생태에 관한 기초 지식 및 주의사항 교육

③ 가스, 전기, 안전교육을 통해 안전관리에 대한 개념을 이해시켜 사고 예방

④ 구체적인 실무 사례를 통하여 실천할 수 있도록 교육 실시

(4) 유아 식생활 지도 교육

① 식생활에 대한 올바른 이해와 식량의 적정 배분 소비에 대한 이해 증진

② 균형된 영양 공급으로 유아기의 건강 증진과 체위 향상 도모

③ 식품별, 음식물별 체계적인 영양교육을 통한 편식 교정 및 바람직한 식생활 습관을 형성하도록 지도

④ 급식을 위해 애쓴 많은 사람에 대해 감사할 줄 알고 즐거운 마음으로 식사

【유치원 급식일지 (○○○유치원)】

급식일자 : 20　.　.　.
작 성 자 :　　　(확인)　　　　　확 인 자 :

급식 횟수	월 ( )회 / 년 ( )회
급식 단가	( )원

급식 인원	구분 \ 대상	원아			교직원	합계
		만3세	만4세	만5세		
	재적학생수					
	급식학생수					

오늘의 식단 ※양념류 제외	식단명	주요 식재료	수량 (kg)	식단명	주요 식재료	수량 (kg)
	혼합잡곡밥	혼합잡곡	0.5	채소달걀말이	시금치	0.5
		백미	6		당근	0.5
	김치콩나물국	콩나물	1	우엉조림	우엉	4
		김치	1	배추김치	배추김치	4
	채소달걀말이	달걀	7			
		양파	0.5	예)		

검식 확인	(○, ×) ※ 맛, 온도, 질감, 조리상태, 이물, 이취, 식단의 조화 등을 감안하여 확인

위생점검사항		○, ×
개인위생 ※조리작업 전 확인	1. 조리종사원 건강상태(설사, 구토, 손상처 등) 확인 후 적절조치	
	2. 청결한 조리전용 위생복장(위생복, 위생모) 착용 여부	
	3. 손톱청결 및 매니큐어 사용, 장신구 착용 여부	
조리위생 ※조리작업 중 · 후 확인	1. 유통기한 경과 원료 또는 완제품을 보관 · 사용하지 않는가	
	2. 올바른 손씻기 및 조리 식품을 맨손으로 취급하지 않는가	
	3. 쓰레기통은 뚜껑이 있으며, 폐기물은 당일 처리 하는가	
	4. 조리 후 기구, 용기 등을 세척 · 소독하는가	
	5. 냉장 · 냉동고, 소독고 등 기기내부 및 조리실 내부는 청결한가	
	6. 올바른 배식 복장(앞치마, 위생모, 위생장갑, 마스크) 착용여부	

냉장 · 냉동고 온도확인	구분	시간(00:00)	냉장온도(0~5℃)	냉동온도(-18℃ 이하)
	출근후	:	℃	℃
	퇴근전	:	℃	℃

기타	

자료 : (사)대한영양사협회

03 어린이 급식관리지원센터 급식

1) 어린이 급식관리지원센터 설립

식품의약품안전처는 어린이집, 유치원, 지역아동센터 등 어린이에게 단체급식을 제공하는 집단 급식소를 대상으로 체계적이고 철저한 위생관리 및 영양관리를 지원하기 위하여 어린이급식관리지원센터를 설립하였다.

출처 : 어린이 급식관리지원센터

2) 어린이 급식관리지원센터 운영 체계

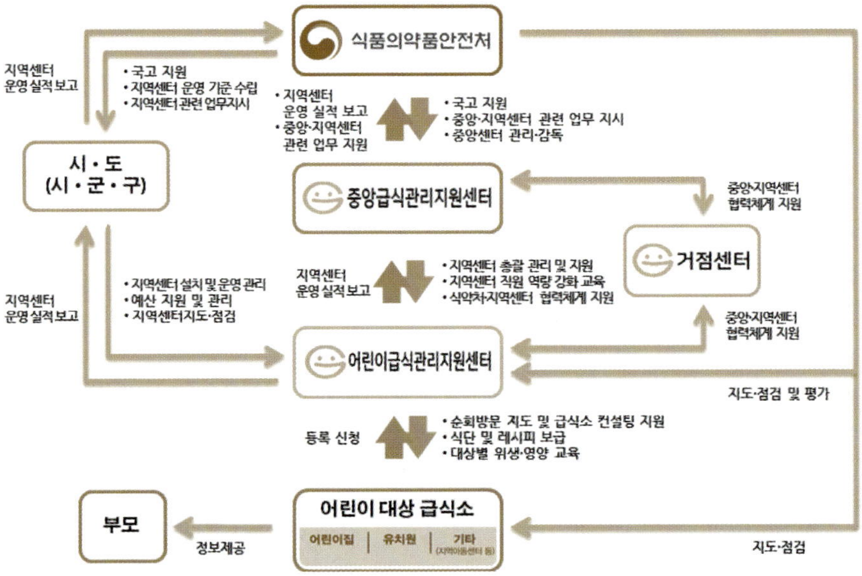

출처 : 어린이 급식관리지원센터 가이드라인 2017, 식품의약품안전처

3) 어린이 급식관리지원센터의 조직 및 업무

① 지역센터 조직은 센터장(비상근), 기획운영팀, 위생팀, 영양팀과 운영위원회로 구성한다.

② 센터장은 총괄 업무 수행 관리자로서, 센터의 운영 예·결산관리, 직원관리 등 제반 업무를 수행하여야 한다.

③ 영양팀은 어린이 식단계획, 영양교육 자료 개발 및 프로그램 운영하여 어린이 영양 증진 업무를 수행한다.

④ 위생팀은 위생관리 지원 계획 및 실시, 위생교육 자료 개발 및 프로그램 운영하여 어린이 급식 위생 수준 향상 업무를 수행한다.

⑤ 기획운영팀은 집단급식소 급식관리평가 지원, 교육 프로그램 기획, 급식 지원계획 수립 및 정보 제공, 행정 제반 업무를 수행하여 어린이급식 개선 방향을 수립한다.

⑥ 운영위원회는 센터장(위원장) 및 지자체 공무원을 포함하여 12명 이하 위원으로 구성하여 연 2회 이상 실시한다.

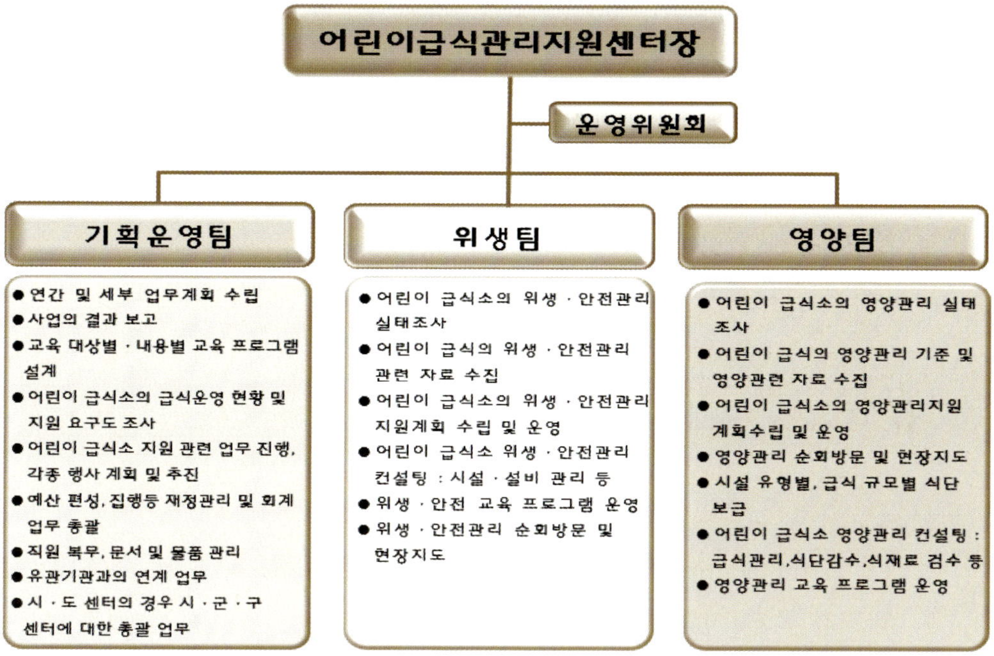

출처 : 어린이 급식관리지원센터 가이드라인 2017, 식품의약품안전처

4) 어린이 급식관리지원센터 실습

(1) 영양관리 지원

① 어린이 식단 작성 및 보급한다.

② 표준 레시피 개발 및 보급한다.

③ 방문 영양교육을 한다.

1. 식단 작성 및 보급

- 만 0세, 만 1~2세, 만 3~5세, 만 4~6세용 연령별 기준 식단 개발
- 시장조사를 실시해 1식 단가를 계산, 그에 맞는 식재료로 구성된 식단 개발
- 지역에 따라 지역 특산물 활용한 식단 제공
- 매월 센터 홈페이지와 구 보육정보센터 홈페이지에 게시, 등록 기관에는 이메일 혹은 우편 발송

2. 표준 레시피 개발 및 보급

- 1인 1회분 필요량과 필요 칼로리를 정확히 충족시키는 표준 레시피 제공
- 영양소 파괴를 최소화하는 어린이 맞춤 레시피 제공
- 매월 계절별 식재료를 활용한 새로운 레시피 제공 및 식단 작성

(2) 위생관리 지원

① 단체급식소 위생관리 실태 파악 및 컨설팅한다.

② 방문 위생교육을 한다.

1. 단체급식소 위생관리 실태 파악 및 컨설팅

- 급식 컨설팅 체크리스트를 활용한 점검
- 1차 점검 후 2차 점검 시 개선 정도 평가

2. 방문 위생교육

2.1 원장 및 조리 종사자 대상
- 집단급식소 위생 관련 법적 기준
- 계절별 위행 관리 및 식중독 예방
- 시설설비 및 기기 위생관리
  예) 주방기구 살균소독법, 소독액 제조 방법 등
- 식품 구매, 저장, 조리, 배식 시 위생관리
  예) 식재료의 올바른 냉장·냉동 보관 방법, 보존식 보관 등
- 복장 등 개인위생
- 식품첨가물 안전 교육
- 정리정돈 및 화재 작업 전기가스 안전관리

예) 음식물 쓰레기 관리, 안전 사고 시 대처 요령, 화재 사고 대비 화학물질 취급보관법 등

2.2 어린이 대상
- 손씻기 등 식습관 교육
- 식품첨가물 등 안전한 먹을거리 교육

2.3 학부모
- 주방 위생교육 및 계절 식단

04 노인요양시설 급식

1) 노인요양시설의 목적

나이가 들면서 만성질환을 앓는 노인이 증가되고 있으며 소화 능력의 저하, 체내 근육량의 감소와 지방의 증가, 맛과 냄새에 대한 민감성도 줄어들게 되며, 가장 중요한 문제는 치아 문제이다. 의치를 하면 저작 능력이 떨어져서 음식 선택에 제한을 받게 된다. 또한, 음식 섭취량의 감소, 수분과 식이 섭취 제한, 운동 부족, 장운동이 미약하여 변비가 흔하게 발생하게 된다.

노인요양시설에서는 영양 위험 집단인 노인들의 건강하고 행복한 삶을 위해서 위생, 안전, 영양과 노인들의 건강 상태까지 고려한 질 좋은 급식을 제공해야 한다.

2) 노인요양시설 운영 법적근거

구분(시설별)		개념
노인의료복지시설	노인요양시설	치매 · 중풍 등 노인성질환 등으로 심신에 상당한 장애가 발생하여 도움을 필요로 하는 노인을 입소시켜 급식 · 요양과 그 밖에 일상생활에 편의를 제공함을 목적으로 하는 시설
	노인요양공동생활가정	치매 · 중풍 등 노인성 질환 등으로 심신에 상당한 장애가 발생하여 도움을 필요로 하는 노인에게 가정과 같은 주거 여건과 급식 · 요양 그밖에 일상생활에 필요한 편의를 제공함을 목적으로 하는 시설

(1) 노인요양시설의 개념(관련 법령 : 노인복지법 제34조)

(2) 시설 및 영양사 배치 근거(노인복지법 시행규칙 제22조 제1항 관련 별표 4. 노인의료시설의 설치 기준 및 직원 배치 기준)

시설별(노인요양시설, 노인요양공동생활가정) 모두식당 및 조리실 시설이 있어야 하며, 노인요양시설의 경우에 입소자 50명 이상일 경우에는 영양사를 배치하도록 되어 있다.

3) 업무일지 양식

영양과 업무일지 - 요양병원 - (날짜:20 년 월 일 요일 날씨 :)	결재	영양사	총무과장	병 원 장

공문		
공문	발송 · 접수	
	기 안 문	

주 간 식 단 표		검식일지 (양호O, 보통△, 불량X)					치료식식단 - 변경사항	보존식 일 지	냉장 · 냉동 고온도일지
		이물 이취없음	속까지 익힘정도	맛 염도 · 온도	식재료의 질감 · 크기	식단 전체평가	조리지시사항등 (당뇨, 저염,)	채취 · 폐기일시	5℃/-18℃ 이하
아침	잡곡밥								* 온도확인 (AM 10시)
	영양죽								
	배추김치								* 냉장 : ℃ * 냉동 : ℃
점심	잡곡밥								* 온도확인 (PM 1시)
	영양죽								
	배추김치								* 냉장 : ℃ * 냉동 : ℃
	* 간식								
저녁	잡곡밥								* 온도확인 (PM 5시)
	영양죽								
	배추김치								* 냉장 : ℃ * 냉동 : ℃

급식인원	구 분	일반식	치료식	죽	미음	관급식	선택식	격리식	기타	직원식	합 계
	아 침										
	점 심										
	저 녁										
	합 계										

근무현황					
근무현황	영 양 사		휴무		
	오전 조리반		휴가		
	오후 조리반		기타근무사항		

식재료 발주, 구매내역				기타, 특이사항
거 래 처		금 액	비 고	

참고문헌

1. 식품위생법, 국가법령정보센터 http://www.law.go.kr
2. 국민영양관리법, 국가법령정보센터 http://www.law.go.kr
3. 학교급식법, 국가법령정보센터 http://www.law.go.kr
4. (사)대한영양사협회, https://www.dietitian.or.kr
5. 2015한국인영양소섭취기준, 보건복지부, 한국영양학회,2015
6. 2015한국인영양소섭취기준 활용가이드북, 보건복지부, 대한영양사협회, 2016
7. 이종미 외 6인, 단체급식, 파워북, 2007
8. 전희정 외 4인, 단체급식관리, 파워북, 2012
9. 양일선 외 5인, 단체급식, 교문사, 2012
10. 곽동경 외12인, 단체급식의 이해, 신광출판, 2008
11. 현기순 외 4인, 단체급식관리, 수학사, 2010
12. 최미숙 외 5인, 식사요법실습, 파워북, 2012
13. 윤옥현 외 5인, 식사요법, 교문사, 2012
14. 정경 외 1인, 메뉴관리&기획, 파워북, 2010
15. 단체급식관리. 지구문화사. 김정숙외 5인 공저. 2014.9 p. 181-187
16. 김현오 외 2인, 단체급식관리실습, 광문각, 2009
17. 단체급식워크북. 교문사. 운지영외 3인공저. 2007. p27
18. HACCP 이론 및 실무. 교문사. 배현주외 3인 공저. 2005. P24-25
19. 학교급식 식재료 납품관리 매뉴얼, 교육부. 2014. P 77-78
20. 노인요양시설직무분석을통한업무매뉴얼(한국노인복지시설협회발간)
21. 학교급식 위생관리 지침서. 교육과학기술부. 2016. p42, 52
22. 식품안전관리지침 - 식중독편. 식품의약품안전청. 2013 p5-6, 13, 25
23. 집단급식소 HACCP관리. 식품의약품안전처. 2014. P.22 11-14
24. 학교급식관리실무. 경기도교육청. 2007. p37
25. 학교 영양.식생활교육매뉴얼. 경기도교육청. 2014. 실시사례 사용예정
26. 학교급식 시설관련매뉴얼. 경기도교육청. 2012. p25, 23, 19
27. 2015 학교급식업무메뉴얼 경기도교육청. 2014. p. 133 1-3
28. 경기도교육청학교급식정보센타 http://schoollunch.goe.go.kr/
29. 어린이급식관리지원센타 http://ccfsm.foodnara.go.kr/
30. 어린이급식관리지원센터 가이드라인 식품의약품안전처, 2017
31. 식품의약품안전처 http://www.mfds.go.kr/index.do
32. 식품의약품안전처 2016 식품안전관리 지침. 2015. p6, 24-27, 44 , 173–176, 184, 188, 345-350, 485-487
33. 학교급식안전메뉴얼 경기도교육청. 2014. p64-106

표 차례

부록편

◆ 학교급식 자료

01 초등학생 1인 분량 <식품군별 대표 식품과 1인 1단위 실제>

식품군	급별	대표식품 및 1인 1회 분량 예시
곡류 및 전분류	초	밥 1인분 60g(잡곡5g, 쌀40g, 찹쌀15g), 스파게티(주식, 건면25~30g), 식빵(1쪽 15~20g), 떡(인절미 2쪽40g)
고기, 생선 달걀,콩류	초	육류(볶음용45~50g), 생선(45~50g), 두부부침(35~40g), 계란말이(45g)
채소 · 과일 및 해조류	초	시금치나물(25~30g), 김치(25~30g), 감자(1/2개 50g), 방울토마토(3개 60g), 딸기(2개 40g), 수박(1쪽 100g, 껍질포함), 김구이(3~4g), 미역(국1.5g)
우유 및 유제품류	초	우유(200ml), 요구르트(65ml), 치즈 1장 (10g)
유지 및 당류	초	식물성 기름 1ts(5g), 버터/마요네즈 1ts(6g), 설탕 1ts(12g)

02 중등학생 1인 분량 <식품군별 대표 식품과 1인 1단위 실제>

식품군	급별	대표식품 및 1인 1회 분량 예시
곡류 및 전분류	중	밥 1인분 85g(잡곡5g, 쌀76g, 찹쌀4g), 스파게티(주식, 건면85g), 식빵(1쪽 15~20g), 떡(인절미 2쪽 40g)
	고	밥 1인분 105g(잡곡10g, 쌀80g, 찹쌀15g)
고기,생선 달걀,콩류	중	육류(볶음용 80~100g), 생선(60~70g), 두부부침(40~60g), 계란말이(90g)
	고	육류(볶음용90~120g), 생선(80~100g), 두부부침(80~90g), 계란말이(90g)
야채 · 과일 및 해조류	중	시금치나물(25~30g), 김치(30~40g), 감자1/2개(50g), 방울토마토(5개 70~80g), 딸기(5개 95~100g), 수박(1쪽 100g, 껍질포함), 김구이(3~4g), 미역(국 1.5g)
	고	시금치나물(45~50g), 김치(35~40g), 감자(2/3개 60g), 방울토마토(6개 90~100g), 딸기(6개 110~120g), 수박(1쪽 140~150g-껍질 포함), 김구이(3~4g), 미역(국 1.5g)
우유 및 유제품류	중	우유(200ml), 요구르트(65ml), 치즈 1장 (10g)
	고	우유(200ml), 요구르트(65ml), 치즈 1장 (10g)
유지 및 당류	중	식물성 기름 1ts(5g), 버터/마요네즈 1ts(6g), 설탕 1ts(12g)
	고	식물성 기름 1ts(5g), 버터/마요네즈 1ts(6g), 설탕 1ts(12g)

03 초등학교급식 식단 예시(2017. 여름)

1) 급식월보

7 · 8월의 식단 안내장

♠ 급식기간 : 2017년 7월 1일 ~ 2017년 8월 31일(23일간)
♠ 급 식 비 : 2,860원(전 학년 무상 급식으로 진행됩니다 – 우유 급식은 제외)
♠ 참 고 : 급식비문의(행정실 ☎ 000-0000), 급식문의(급식관리실 ☎ 000-0000)

월요일	화요일	수요일 (수·다·날)	목요일	금요일
7/3 차수수밥 조랭이떡미역국 5.6.16. 오리감자주물럭 5.6.13. 얼갈이된장무침 5.6. 총각김치 9.13. 천도복숭아 556.1/24/269.8/4.3	7/4 흑미밥 건새우아욱된장국 5.6.9.13. 양파장아찌 5.6.13. 렌틸콩베이커드치킨 1.5.6.15. 배추김치 9.13. 618.8/25.1/247.6/3.7	7/5 비빔밥*양념고추장 5.6.13.16. 숭늉 오징어링튀김/소스 1.2.5.6.13.17. 나박김치 13. 방울토마토 12. 691.8/25.9/209.4/4.1	7/6 혼합잡곡밥 5. 우동국 1.5.6.13. 그린망고샐러드 1.5.13. 바베큐폭립 5.6.10.12.13. 배추김치 9.13. 598.7/23.7/242.3/3.3	7/7 검정콩밥 5. 버섯매운탕 5.6.13. 콩나물무침 5. 오렌지소스 가자미구이 2.5.6.13. 오이소박이 13. 요구르트 2. 581.5/26.7/344.4/2.6
7/10 찰보리밥 시금치된장국 5.6.13. 낙지주꾸미볶음 5.6.13. 오지치즈후라이 2.5.6.10.13. 배추김치 9.13. 과일 11. 670.9/34.3/372.7/5.1	7/11 차수수밥 순두부찌개 5.6.9.13. 치커리사과초무침 5.6.13. 파인애플함박스테이크 1.2.5.6.10.11.12.13. 깍두기 9.13. 629/32.1/335.1/6.1	7/12 누룽지삼계탕 13.15. 단호박튀김 5.6.13. 오이지무침 13. 배추김치 9.13. 과일 529.3/27.8/184.4/3.9	7/13 기장밥 버섯들깨탕 13. 녹차무쌈 부추겉절이 13. 사태영양찜 5.6.10.13. 551.2/26.7/208.9/3.5	7/14 혼합잡곡밥 5. 육개장 1.5.6.8.13.16. 애호박새우젓볶음 9.13. 생선전 1.5.6.13. 깍두기 9.13. 증편 13. 659.7/52.5/312.5/5.3
7/17 찰보리밥 감자옹심이국 5.6.13. 도토리묵김치무침 5.6.9.13. 코다리강정 4.5.6.12.13. 깍두기 9.13./ 찐옥수수 658.8/29.4/254.6/3.6	7/18 발아현미밥 열무된장국 5.6.13. 감자그라탕 1.2.5.6.10.13. 돈육야채두루치기 5.6.10.13. 배추김치 9.13. 609.3/27/287.9/4	7/19 자장소스 5.6.10.13. 새우볶음밥 5.6.9.13. 깍두기 9.13. 피칸파이 1.2.5.6.13. 레드자몽에이드 612.4/21.6/647.9/1.9	7/20 차조밥 돼지뼈감자탕 5.6.9.10.13. 달걀찜 1.2.5.6.9.13. 고구마순볶음 배추김치 9.13. 요구르트 2. 534.3/21.1/332.2/2.2	7/21 차수수밥 콩나물국 5.13. 찹쌀콩멸치볶음 4.5.13. 수제미트볼치즈구이 1.2.5.6.10.13.16. 깍두기 9.13. 587.5/28.1/360.1/3.9
7/24 강황밥 초교탕 1.5.6.13.15. 두부고추장조림 5.6.13. 건파래볶음 5.13. 배추김치 9.13./ 과일 11. 593.8/32.7/391.2/7.2	7/25 방 학 식	❦ 식중독 예방요령 ❦ 식중독은 다양한 원인에 의해 발생하지만, 대부분의 식중독은 식품취급의 3대원칙인 '청결', '신속', '가열 및 냉각'의 원칙을 잘 지키면 충분히 예방할 수 있습니다.		
8/21 차수수밥 쇠고기미역국 5.6.16. 숙주게맛살무침 5.6.13. 돈육커틀렛*소스 1.2.5.6.10.12.13. 배추김치 9.13./떡 13. 665.7/26/192.6/3.1	8/22 기장밥 닭개장 1.5.6.13.15. 연두부*양념장 5.6.13. 애호박새우살전 1.5.6.9.13. 깍두기 9.13. 545/28.2/454.3/4	8/23 스파게티(주식) 1.2.5.6.12.13. 모듬피클 13. 마늘빵 2.6.13. 요구르트 2. 과일 638.5/20.8/329.4/4	8/24 발아현미밥 근대된장국 5.6.13. 오향장육 5.6.10.13. 당면콩나물볶음 5.6.8. 배추겉절이 9.13. 602/33.9/207.9/4.6	8/25 흑미밥 짬뽕국 5.6.9.13.18. 건두부오이무침 5. 꿔바로우탕수육 5.6.10.11.12.13. 깍두기 9.13. 과일 12. 634.9/27.5/465.4/4.2
8/28 찰보리밥 쇠고기무국 5.6.13.16. 삼치유자청조림 5.6.13. 머위나물무침 5.6.9.13. 배추김치 9.13. 655.8/28.5/361.4/4.8	8/29 현미밥 김치콩나물국 5.9.13. 골뱅이소면무침 5.6.13. 돈육자장야채볶음 5.6.10.13. 깍두기 9.13./ 매실쥬스 607/25.1/243.2/3.6	8/30 곤드레밥 5.6.13. 청국장찌개 5.9.13. 닭봉바베큐구이 5.6.12.13.15. 배추김치 9.13. 거봉 582.8/25.1/256/5.2	8/31 기장밥 유부주머니어묵국 5.6.10.13. 삼색나물 5.6.13. 오삼불고기 5.6.10.13.17. 배추김치 9.13. 568.9/30.2/244.7/6.5	

2) 식단 사진 7월 3일 ~ 7월 7일

	7.3 (월)	7.4 (화)	7.5 (수)	7.6 (목)	7.7 (금)
중식					

3) 메뉴별 표준 레시피

음식명					
필요 조리도구	※ 필요한 조리도구가 실습실에 갖추어져 있는지 사전에 꼭 확인한다.				
예상조리 시간	분(조리전 준비시간 분)		조리담당자		
표준 레시피	재료명	1인량		총량 100인분		조리방법
		수량	단위	수량	단위	
						전처리과정 조리과정 배식과정 특이사항
	총					

4) 학교급식 식재료 원산지 및 영양가 표시제 7월 3일 ~ 7월 7일

학교급식 식재료 원산지 및 영양 표시제

○○ 초등학교 (중식)

주간 학교급식 영양량				7월 3일(월)	7월 4일(화)	7월 5일(수)	7월 6일(목)	7월 7일(금)
				• 차수수밥 • 조랭이떡미역국 5.6 • 얼갈이된장무침 5.6 • 오리감자주물럭5.6.13. • 총각김치 9.13 • 천도복숭아 11	• 흑미밥 • 건새우아욱된장국 5.6.9.13. • 양파장아찌 5.6.13. • 렌틸콩베이커드치킨 1.5.6.15 • 배추김치9.13	• 비빔밥*양념고추장(소) 5.6.13.16. • 숭늉 • 오징어링튀김/소스 1.2.5.6.13. • 나박김치 13. • 방울토마토 12.	• 혼합잡곡밥 5 • 우동국 1.5.6.13. • 그린망고샐러드 1.5.13. • 바베큐폭립 5.6.10.12.13. • 배추김치 9.13	• 검정콩밥 5. • 버섯매운탕 5.6.13. • 콩나물무침 5. • 오렌지소스 가자미구이 2.5.6.13. • 오이소박이 13 • 요구르트 2.
식재료				원산지	원산지	원산지	원산지	원산지
쌀				국내산	국내산	국내산	국내산	국내산
김치류/고춧가루				국내산/국내산	국내산/국내산	국내산/국내산	국내산/국내산	국내산/국내산
쇠고기(종류)/가공품				국내산(한우)/	국내산(한우)/	국내산(한우)/	국내산(한우)/	국내산(한우)/
돼지고기/가공품				/	/	/	국내산/국내산	/
닭고기/가공품				/	국내산/국내산	/	/	/
오리고기/가공품				국내산/국내산	/	/	/	/
양고기/가공품				국내산/국내산	국내산/국내산	국내산/국내산	국내산/국내산	국내산/국내산
넙치/가공품				국내산/	국내산/	국내산/	국내산/	국내산/
조피볼락/가공품				국내산/	국내산/	국내산/	국내산/	국내산/
참돔/가공품				국내산/	국내산/	국내산/	국내산/	국내산/
미꾸라지/가공품				국내산/	국내산/	국내산/	국내산/	국내산/
뱀장어/가공품				국내산/	국내산/	국내산/	국내산/	국내산/
낙지/가공품				국내산/	국내산/	국내산/	국내산/	국내산/
명태/가공품				국내산/	국내산/	국내산/	국내산/	국내산/
고등어/가공품				국내산/	국내산/	국내산/	국내산/	국내산/
갈치/가공품				국내산/	국내산/	국내산/	국내산/	국내산/
오징어/가공품				국내산/	국내산/	국내산/	국내산/	국내산/
꽃게/가공품				국내산/	국내산/	국내산/	국내산/	국내산/
참조기/가공품				국내산/	국내산/	국내산/	국내산/	국내산/
두부				국내산	국내산	국내산	국내산	국내산
콩				국내산	국내산	국내산	국내산	국내산
비고								
영양소	평균 필요량	권장 섭취량	주평균 섭취량	영양량	영양량	영양량	영양량	영양량
에너지(kcal)	561.1	561.1	13	556.1	618.8	673.6	740.7	581.5
탄수화물(g)			59.1	84.4	83.7	109.5	93.2	91.6
단백질(g)	9.4	9.4	17.3	24	25.1	23.6	35.8	26.7
지방(g)			23.6	12.7	18.6	16	22.3	12.3
비타민A(R.E)	101.2	145.3	280	293.1	385.2	420.5	176	125.2
티아민(mg)	0.2	0.2	0.4	0.3	0.2	0.3	0.7	0.4
리보플라빈(mg)	0.2	0.2	0.5	0.4	0.3	0.5	0.6	0.7
비타민C(mg)	14.9	20.3	31.5	29.2	19.9	32.9	24.8	50.9
칼슘(mg)	172.5	234.7	271.1	269.8	247.6	207.3	286.5	344.4
철분(mg)	2.5	3.3	3.7	4.3	3.7		4.2	2.6

* 에너지는 권장섭취량의 ±10%, 구성비는 탄수화물(55~70%) : 단백질(7~20%) : 지방(15~30%)
* 1g당 에너지(kcal)는 탄수화물 4, 단백질 4, 지방 9kcal로 환산
* 알레르기 정보

1.난류 2.우유 3.메밀 4.땅콩 5.대두 6.밀 7.고등어 8.게 9.새우 10.돼지고기 11.복숭아 12.토마토 13.아황산류 14.호두 15.닭고기 16.쇠고기 17.오징어 18.조개류(굴, 전복, 홍합 포함)

04 고등학교급식 식단 예시(2016. 가을)

1) 급식월보

9월 식단 영양량 및 알레르기 안내

"알레르기 식품 표시제" 알고 계시나요? 확인하시나요?

1. 현재 학교급식에서 꼭 표시하는 식품은 총 18가지입니다.
   ① 난류 ② 우유 ③ 메밀 ④ 땅콩 ⑤ 대두 ⑥ 밀 ⑦ 고등어 ⑧ 게 ⑨ 새우 ⑩ 돼지고기 ⑪ 복숭아 ⑫ 토마토 ⑬ 아황산염 ⑭ 호두 ⑮ 닭고기 ⑯ 쇠고기 ⑰ 오징어 ⑱ 조개류(굴,전복,홍합포함)
2. 알레르기 식품을 확인해야 하는 이유는?
   식품 알레르기 환자는 소량의 식품에 노출되어도 심한 증상이 나타날 수 있습니다.
   응급상황을 예방하기 위해 알레르기 유발식품을 철저히 피해야 합니다.

<table>
<tr><th>월요일</th><th>화요일</th><th>수요일</th><th>목요일</th><th>금요일</th></tr>
<tr><td colspan="3">9월 급식일정 :
1. 9월 05일~9월 9일 생명사랑빈그릇 운동 주간
2. 14~16(추석연휴),
• 평균영양량을 기준으로 식단을 작성하고 있습니다.
• 본교는 2016년부터 수원시 지원사업에 의해 3~5월은 서천군 친환경 쌀을 6월~'17년 2월까지는 경기도 g-인증 효원쌀을 지원받아 급식에 사용하고 있습니다.
• 우리학교는 잡곡류(국내산, 콩류는 GMO 아닌 것)/ 모든 축산물 국내산(한우3등급/돼지고기1등급/닭고기1등급/오리고기1등급)/ 난류 국내산(1등급) / 김치류(국내산)/ 수산물 국내산(오징어, 고등어), 수입산(미국산, 러시아산:임연수, 동태, 북어, 코다리 등, 중국산, 베트남산 : 쭈꾸미, 낙지 등)을 사용하고 있습니다.
• 우리 학생들의 건강을 위하여 인공감미료, 조미료(MSG)는 사용하지 않습니다.
• 식단표를 확인하시고 알러지가 있는 음식은 피하시기 바랍니다.
• 식단은 학교운영에 따라 변경될 수 있습니다. 주간식단표를 확인하여 주시기 바랍니다.
• 알레르기 식품 및 영양상담 문의는 급식실(0000-0000)로 연락주세요</td><td>1
[중식]
현미밥
호박된장국⑤⑥
LA매운갈비찜⑤⑥⑩
청포묵무침①⑤⑥
배추김치⑨
*에너지/단백질/칼슘/철분
788.1/36.7/276.1/5.3

[석식]
보리밥
쇠고기감자국⑤⑥⑨⑯
우엉진미채볶음⑤⑥⑰
건파래볶음⑤
가지탕수육⑤⑥⑩⑪
배추김치⑨
*에너지/단백질/칼슘/철분
832.5/37.7/125.1/6.1</td><td>3
[중식]
혼합잡곡밥⑤
쇠고기탕국⑤⑥⑯
매콤닭감자조림⑤⑥⑮
녹두전⑥⑨⑩
김구이
배추김치⑨
*에너지/단백질/칼슘/철분
781.1/39.9/154/6.3

[석식]
굴소스볶음밥⑤⑥⑨
부추미소된장국⑤⑥⑨
피자또띠아②⑤⑥⑩⑫⑯
배추김치⑨
수박
*에너지/단백질/칼슘/철분
796.7/27.9/528.6/6.1</td></tr>
<tr><td>5
[중식]
혼합잡곡밥⑤
감자탕⑤⑥⑨⑩
콩나물무침⑤
삼치구이&와사비간장⑤⑥
배추김치⑨
과일화채⑪
*에너지/단백질/칼슘/철분
877.8/48.3/319.4/6.7

[석식]
보리밥
김치콩나물국⑤⑥⑨
시금치무침
닭카레볶음⑤⑥
치즈피자브리또①②⑩⑫⑬
깍두기⑨
*에너지/단백질/칼슘/철분
658.7/33.4/228.6/5.9</td><td>6
[중식]
콩밥
쇠고기무국⑤⑥⑨⑯
돈육불고기⑤⑥⑩
애느타리버섯볶음⑤
배추김치⑨
포도
*에너지/단백질/칼슘/철분
825.9/37.1/144.6/7

[석식]
볶음밥①②⑤⑥⑩
배추된장국⑤⑥
왕만두⑤⑥⑩
코다리살양념구이⑤⑥⑫
오이김치⑨
*에너지/단백질/칼슘/철분
894/33.1/249.2/6.4</td><td>7
[중식]
카레라이스②⑤⑥⑩
닭다리구이⑤⑥⑫⑮
배추김치⑨
요플레②
*에너지/단백질/칼슘/철분
917.3/40.6/223.2/5.2

[석식]
현미밥
돼지갈비김치찌개⑤⑥⑨⑩
알감자조림⑤⑥
진미채오이무침①⑤⑥⑰
나박김치
*에너지/단백질/칼슘/철분
764.3/43.8/152/4.5</td><td>8
[중식]
현미밥
시금치된장국⑤⑥
오이생채⑤⑥
수제통등심치즈돈까스①②⑤⑥⑩⑬&돈가스소스②⑤⑥⑫
배추김치⑨
메론
*에너지/단백질/칼슘/철분
815.7/32/327.5/12.8

[석식]
혼합잡곡밥⑤
동태매운탕⑤⑥⑨
케이준샐러드⑮
미트볼떡조림①⑥⑩⑯
배추김치⑨
*에너지/단백질/칼슘/철분
1169.5/49.1/362.1/8.2</td><td>9
[중식]
흑미밥
어묵쑥갓탕⑤⑥
콩나물파채무침⑤
닭갈비볶음⑤⑥⑮
배추김치⑨
*에너지/단백질/칼슘/철분
806.6/41.5/323.6/6.2

[석식]
김주먹밥②⑤⑥⑩⑯
멸치장국⑤
비빔국수①⑤⑥⑨
열무김치
샤베트②
*에너지/단백질/칼슘/철분
1257.7/41.6/480/12.6</td></tr>
</table>

2016. 09. 01

○ ○ 고등학교장

2) 식단 사진

	9.5 (월)	9.6 (화)	9.7 (수)	9.8 (목)	9.9 (금)
중식					
석식					

3) 메뉴별 표준 레시피

<table>
<tr><td>음식명</td><td colspan="6"></td></tr>
<tr><td>필요
조리도구</td><td colspan="6">※ 필요한 조리도구가 실습실에 갖추어져 있는지 사전에 꼭 확인한다.</td></tr>
<tr><td>예상조리
시간</td><td colspan="3">분(조리전 준비시간 분)</td><td colspan="2">조리담당자</td><td></td></tr>
<tr><td rowspan="5">표준
레시피</td><td rowspan="2">재료명</td><td colspan="2">1인량</td><td colspan="2">총량 100인분</td><td rowspan="2">조리방법</td></tr>
<tr><td>수량</td><td>단위</td><td>수량</td><td>단위</td></tr>
<tr><td></td><td></td><td></td><td></td><td></td><td>전처리과정

조리과정

배식과정

특이사항</td></tr>
<tr><td>총</td><td></td><td></td><td></td><td></td><td></td></tr>
</table>

4) 발주서

【발 주 서】

기간 : 2016.09.05~2016.09.09 (중식)

[수신] 납품업체군 : 농산물 [발송] ㅇㅇ고등학교

NO	식품명/상세식품명	식품설명	단위	9.5	9.6	9.7	9.8	9.9	총 량
1	감자/생것	GAP인증 일반농산물 국산, 상품, 햇것 깐감자, 진공포장	kg	73.90		48.40			122.30
2	강낭콩/생것	국산, 깐강낭콩, 건조, 2016년산	kg		5.00				5.00
3	고구마/신율미	GAP인증 일반농산물 국산, 껍질제거, 맛탕용	kg					39.00	39.00
4	고추/붉은고추,말린것	GAP인증 일반농산물 국산, 상품, 청양고추말린것	kg	0.08					0.08
5	고추/붉은고추,생것	GAP인증 일반농산물 국산, 상품 (일반농산물)	kg		2.40			1.90	4.30
6	고추/청량고추,청양고추	GAP인증 일반농산물 국산, 상품 (일반농산물)	kg				1.40	0.10	1.50
7	고추/풋고추,개량종	GAP인증 일반농산물 국산, 상품 (일반농산물)	kg					1.50	1.50
8	깨나물(깻잎나물)/깨나물(깻잎나물)	GAP인증 일반농산물 국산, 상품(일반농산물), 손질	kg	5.70				9.00	14.70
9	깻잎/깻잎순	GAP인증 일반농산물 국산, 상품(일반농산물), 손질	kg		6.00				6.00
12	마늘/생것,국내산,깐것	GAP인증 일반농산물 국산,상품,깐마늘,꼭지제거(일반농산물)	kg			3.80		4.40	8.20
13	멜론/머스크	GAP인증 일반농산물 개당2kg이상, 당도가 높은것	kg				127.00		127.00
14	무/뿌리	국산, 조선무, 왜무, 상품(GAP인증 일반농산물), 세척	kg		49.00			37.00	86.00
15	바나나/생과	GAP인증 일반농산물 수입,델몬트,개당 100~110g	kg	25.00					25.00
16	배추/얼갈이	GAP인증 일반농산물 국산, 상품 (일반농산물)	kg	30.00			38.00		68.00
17	보리/찰보리쌀,친환경	국산, 찰보리, 친환경농산물 또는 GAP인증 농산물, 2016년산	kg			12.00			12.00
18	브로콜리/생것	일반농산물 국산, 상품 (친환경농산물)	kg			8.00			8.00
19	사과(생과)/부사(후지)	GAP인증 일반농산물 국산, 상품, 5다이	kg		3.00	4.00	1.00		8.00
20	생강/생것, 깐생강	GAP인증 일반농산물 국산, 상품, 깐생강 (일반농산물)	kg	1.50	0.80	1.60		1.00	4.90
21	셀러리/셀러리	GAP인증 일반농산물 국산, 상품 (일반농산물)	kg				0.90		0.90
22	수박(생과)/적육질	GAP인증 일반농산물 개당 9kg	kg	25.00					25.00
23	쌀(검정쌀)/멥쌀	국산, 찰흑미, 친환경농산물 또는 GAP인증 농산물, 2015년산	kg					6.00	6.00
24	쌀(현미)/일반형	국산, 찰현미, 친환경농산물 또는 GAP인증 농산물, 2015년산	kg				12.00		12.00
25	쑥갓/생것	GAP인증 일반농산물 국산, 상품(일반농산물)	kg					7.00	7.00
26	애느타리버섯,생것/애느타리버섯,생것	GAP인증 일반농산물 국산,상품	kg		50.00				50.00
27	양배추/생것	GAP인증 일반농산물 국산, 상품 (일반농산물), 피제거	kg					19.00	19.00
28	양송이버섯/생것	GAP인증 일반농산물 국산, 상품(일반농산물)	kg			26.00			26.00
29	양파/생것,국내산	GAP인증 일반농산물 국산, 깐양파 (일반농산물)	kg	6.50	35.80	34.00	14.00	28.00	118.30
30	오이/생것,개량종	GAP인증 일반농산물 국산, 백오이, 상품 (일반농산물), 쓴맛 없어야 함.	kg				60.00		60.00
31	찹쌀/백미	국산, 친환경농산물 또는GAP인증 농산물, 2015년산	kg	20.00	24.00	22.00	18.00	12.00	96.00
32	찹쌀/현미	국산, 친환경농산물 또는GAP인증 농산물, 2015년산	kg			13.00		11.00	24.00
33	키위/키위	일반농산물 수입,상품(일반농산물)	kg	8.00					8.00
34	파/깐대파,친환경	GAP인증 일반농산물 국산,상품,깐대파,대파채(무침용), 채이므로 신경써 주셔요‥	kg					15.00	15.00
35	파/대파	GAP인증 일반농산물 국산,상품,깐대파(일반농산물)	kg	4.00	8.80		3.50	6.80	23.10
36	파/쪽파	GAP인증 일반농산물 국산,상품,깐쪽파(일반농산물)	kg	1.00	1.50				2.50
37	파슬리/파슬리	GAP인증 일반농산물 국산, 상품(일반농산물)	kg			0.40	0.30		0.70
38	포도(생과)/거봉	GAP인증 일반농산물 거봉,상품	kg		82.00				82.00
39	피망/녹색과	GAP인증 일반농산물 국산, 상품(일반농산물)	kg		2.40	7.00			9.40
40	호박/애호박,생것	GAP인증 일반농산물 국산, 상품(일반농산물)	kg					12.00	12.00
41	혼합잡곡/영양잡곡	국산, 친환경농산물 또는 GAP인증 농산물, 2016년산	kg	10.00					10.00

◆ 영유아급식 식단

만 3~5세/일반식(과일명)-B형/AI대체식단

2017년 3월 유아 식단

( ) 어린이집

일자/요일	▼▼▼▼▼▼		1(수)	2(목)	3(금)	4(토)
오전간식	Happy Birthday!	현장학습 식단		키위, 견과류	토마토, 우유	콘스프, 모닝빵
점 심	쌀밥 소고기미역국 너비아니구이 애호박전 배추김치	유부초밥 물만두 카스테라 오렌지주스		수수밥 바지락무국 돼지고기청경채볶음 도토리묵김무침 배추김치	기장밥 순두부백탕 버섯탕수육 시금치나물 배추김치	해물덮밥 감자튀김 배추김치 바나나
오후간식	케익,우유(두유)		삼일절	찹쌀도넛, 우유(두유)	호박연근전, 보리차	
열량/단백질	499 / 15	423 / 11		634 / 21	569 / 28	583 / 17
일자/요일	6(월)	7(화)	8(수)	9(목)	10(금)	11(토)
오전간식	귤, 우유	연두부죽	사과, 우유	치즈, 오렌지주스	바나나, 우유	미숫가루
점 심	당당 나게 밥상 잡곡밥 만둣국 소고기파프리카볶음 고사리들깨나물 깍두기	찹쌀현미밥 콩나물국 주꾸미볶음 느타리버섯나물 배추김치	나를 찾는 (Na down) 나 다운 밥상 돈육잡채덮밥 명엽채볶음 새싹샐러드 깍두기 과일푸딩	흑미밥 청국장찌개 돼지고기장조림 양배추나물 깍두기	쌀밥 곰탕*소면 두부조림 잔멸치호두볶음 배추김치	튀김우동 쌀밥(소량) 깍두기 귤
오후간식	바나나프렌치토스트	피자빵,우유(두유)	증편, 보리차	구운토스트, 우유(두유)	궁중떡볶이	
열량/단백질	704 / 24	577 / 18	637 / 22	530 / 24	709 / 29	478 / 14
일자/요일	13(월)	14(화)	15(수)	16(목)	17(금)	18(토)
오전간식	당근스틱, 우유	김가루현미죽	딸기, 우유	쿠키, 떠먹는 요구르트	찐감자, 우유	검은콩두유
점 심	차조밥 버섯된장국 돼지고기폭찹 콩나물무침 깍두기	잡곡밥 소고기감자국 연어야채볶음 브로콜리볶음 배추김치	쌀밥 크림스프 돈까스*소스 오이달래무침 배추김치	검정콩밥 홍합살된장국 소불고기 봄동나물 깍두기	자중해밥상 수수밥 조랭이떡미역국 올리브유임연수구이 과일샐러드 배추김치	하이라이스 미소장국 새송이버섯볶음 깍두기
오후간식	우엉조림주먹밥	단팥빵,우유(두유)	밤식빵, 보리차	곡물씨리얼, 우유(두유)	약식, 보리차	
열량/단백질	612 / 20	599 / 12	591 / 19	592 / 22	624 / 20	411 / 19

일자/요일	20(월)	21(화)	22(수)	23(목)	24(금)	25(토)
오전간식	사과, 우유	소고기당근죽	귤, 우유	소보루빵, 보리차	바나나, 우유	쌀과자
점 심	흑미밥 콩가루쑥된장국 오징어볶음 취나물무침 배추김치	찹쌀현미밥 애호박맑은국 마파두부 연근조림 배추김치	나를 찾는 (Me down) 나 다운 밥상 카레라이스 파래무채무침 찐만두 배추김치 짜먹는요구르트	잡곡밥 북어채국 제육볶음 숙주나물 깍두기	기장밥 팽이버섯된장국 들기름두부구이 베이컨감자채볶음 배추김치	쌀밥 들깨수제비 치즈스틱 배추김치
오후간식	간장비빔국수	딸기잼식빵, 우유(두유)	백설기, 보리차	맛살채소전, 우유(두유)	꼬마김밥, 보리차	
열량/단백질	621 / 22	689 / 25	503 / 16	581 / 23	627 / 22	585 / 14
일자/요일	27(월)	28(화)	29(수)	30(목)	31(금)	
오전간식	오이스틱, 우유	미역죽	찐고구마, 우유	김가루죽	딸기, 우유	**이달의 신메뉴**
점 심	수수밥 바지락시금치된장국 소고기채소볶음 김구이 배추김치	차조밥 다시마무국 돈육굴소스볶음 참나물겉절이 깍두기	봄나물비빔밥 유부장국 청포묵무침 배추김치 바나나	맑은버섯두부탕 가자미조림 돌나물무침 (유자소스) 배추김치	찹쌀현미밥 봄동된장국 소고기깻잎볶음 유채나물무침 배추김치	호박연근전 바나나프렌치토스트
오후간식	어묵탕	씨리얼, 우유(두유)	머핀, 보리차	알감자버터구이, 우유(두유)	잔멸치주먹밥	
열량/단백질	400 / 26	593 / 19	545 / 19	500 / 23	548 / 19	
제철식품	* 채소: 냉이, 달래, 취나물, 부추, 돌나물, 더덕, 봄동 * 해산물: 꼬막, 주꾸미, 명태, 미역, 바지락, 오징어 * 과일: 귤, 딸기	〈알레르기 유발 식품〉 ① 난류 ② 우유 ③ 메밀 ④ 땅콩 ⑤ 대(두유)두 ⑥ 밀 ⑦ 고등어 ⑧ 게 ⑨ 새우 ⑩ 돼지고기 ⑪ 복숭아 ⑫ 토마토 ⑬ 아황산염 ⑭ 호두 ⑮ 닭고기 ⑯ 쇠고기 ⑰ 오징어 ⑱ 조개류(굴, 전복, 홍합) ♥ 알레르기 아동의 경우, 센터 컨설팅 또는 부모님과 협의 통해 대체 식품 제공 부탁드립니다.				

◆ 노인요양시설 급식 식단

1) 노인복지 식단표예시

(1) ○○ 노인복지센터 3월 식단

구분	8	9	10	11	12	13	14
	일	월	화	수	목	금	토
조식 (아침)	시래기 된장국	굴무국	새우 미역국	아욱 된장국	시래기 된장국	홍합.두부 무국	호박 된장국
	고막양념	생선구이	호박 새우볶음	고추멸치 조림	생선구이	파래무침	계란말이
	생미역 초무침	도토리묵 무침	계란 장조림	두부조림	유채 나물무침	콩나물 무침	토란대 들깨복음
	숙주나물	시금치 된장무침	콩나물 무침	오이.달래 무침	호박버섯 볶음	고막양념	감자조림
	홍합죽		쇠고기죽		전복죽		
중식 (점심)	굴무국	돼지고기 김치찌개	아욱 된장국	시래기 된장국	홍합.두부 무국	호박 된장국	감자 수제비
	동태전	두부조림	생선구이	제육볶음	명태전	계란찜	단무지
	감자채 볶음	건파래 무침	계란찜	오이생채	오징어 야채볶음	파래무침	김치
	숙주나물	버섯들깨 볶음	취나물 무침	도토리묵 무침	토란대 들깨복음	콩나물 무침	톳,콩나물 무침
	홍합죽		쇠고기죽		전복죽		
석식 (저녁)	새우 미역국	호박 된장국	시래기 된장국	아욱 된장국	시래기 된장국	호박버섯 된장국	시래기 된장국
	생선구이	파래무침	오이무침	굴전	돈육 장조림	고등어 구이	고사리 들깨볶음
	어묵볶음	고막양념	생선구이	호박나물	애호박전	톳콩나물 무침	야채계란 말이
	톳콩나물 무침	버섯들깨 볶음	유채나물	숙주나물	시금치 된장무침	도토리묵 무침	양배추 볶음
	홍합죽		쇠고기죽		전복죽		

(2) ○○ 요양병원 식단

2017년

식단표

구분	8월 14일(월)	8월 15일(화)	8월 16일(수)	8월 17일(목)	8월 18일(금)	8월 19일(토)	8월 20일(일)
아침	흰밥/흰죽 포기김치 육개장 비엔나야채볶음 우엉채조림 고들빼기고추장무침	흰밥/흰죽 총각김치 맑은감자국 참치김치볶음 탕평채 다시마튀각	흰밥/흰죽 포기김치 얼큰황태국 야채계란찜 피망감자채볶음 깻잎지	흰밥/흰죽 포기김치 열무된장국 고추잡채 무생채 돌자반	흰밥/흰죽 포기김치 닭개장 잔멸치볶음 숙주나물 고춧잎고추장무침	흰밥/흰죽 포기김치 맑은무채국 계란고추장조림 도라지나물 도시락김	흰밥/흰죽 포기김치 얼큰버섯국 돈사태찜 마카로니샐러드 무말랭이무침
점심	잡곡밥/맛살죽 포기김치 물만둣국 매콤오징어볶음 맛탕 호박나물	잡곡밥/야채죽 포기김치 짬뽕국 두부부침&양념장 으깬단호박샐러드 부추겉절이	잡곡밥/팥죽 포기김치 맑은호박국 제육볶음 콩나물무침 양배추찜&쌈장	잡곡밥/완두콩죽 동치미 순두부찌개 동태콩나물찜 야채튀김 청경채겉절이	잡곡밥/새우살죽 포기김치 미역국 마파두부 새송이야채볶음 고추지	비빔밥/단호박죽 열무김치 매콤된장찌개 돈육/콩나물무침 건취나물/당근채 맛김가루/고추장	잡곡밥/땅콩죽 포기김치 계란파국 어묵고추장볶음 고구마조림 열무나물무침
저녁	잡곡밥/콩가루죽 포기김치 얼큰콩나물국 야채스크램블에그 꽈리고추찜 야채샐러드&포도소스	잡곡밥/콩가루죽 포기김치 우거지된장국 닭갈비 마늘쫑건새우볶음 가지찜	잡곡밥/콩가루죽 갓김치 부대찌개 가자미구이 실곤약야채무침 오이지된장무침	잡곡밥/콩가루죽 포기김치 소고기무국 연두부찜&고추양념장 잡채 꽃맛살브로컬리샐러드	잡곡밥/콩가루죽 포기김치 냉면국수 깻잎전 시래기나물무침 토마토	잡곡밥/콩가루죽 포기김치 시금치된장국 고등어조림 연근채조림 참나물무침	잡곡밥/콩가루죽 깍두기 비지찌개 두부콩나물찜 고추튀김 마늘쫑볶음

언제나 맛깔스럽고 정성이 담긴 음식을 제공하도록 노력하겠습니다.

* 위의 메뉴는 식자재 수불 사정에 의하여 변경될 수 있습니다.

* 저희 병원에서는 국내산 쌀, 국내산 김치 만을 사용합니다.

* 국의 염도는 0.5~0.6 로 맞추어 드립니다. 다소 싱겁다 생각이 들어도 건강을 위하여 양해 부탁드립니다.

주간식단표

서울대효병원 2017년

	8월 14일 (월)	8월 15일 (화)	8월 16일 (수)	8월 17일 (목)	8월 18일 (금)	8월 19일 (토)	8월 20일 (일)
행복을 여는 아침	쌀밥/브로컬리죽 건새우무국 메추리알조림 쥐어채볶음 고춧잎무침 김치	쌀밥/야채죽 재첩국 삼치무조림 도토리묵*양념장 얼갈이나물 김치	쌀밥/새우죽 콩가루배추국 돈채볶음 멸치고추장조림 간장깻잎지 김치	쌀밥/단호박죽 들깨무국 참치야채볶음 맛살조림 고추지 김치	쌀밥/야채죽 호박새우젓국 가자미찜 취나물 락교무침 김치	쌀밥/게살죽 어묵탕 옥수수계란찜 고구마순나물 톳무침 김치	쌀밥/흑임자죽 바지락무국 오징어볶음 건새우브로컬리볶음 치커리생채 김치
정성이 가득한 점심	수수밥/야채죽 소고기샤브샤브 순대볶음 느타리버섯볶음 양파장아찌 김치	차조밥/들깨죽 청국장 닭볶음탕 아주까리나물 도라지생채 김치	기장밥/버섯죽 콩나물냉국 꽁치무조림 비엔나야채볶음 치커리유자무침 김치	현미밥/야채죽 황태미역국 제육김치볶음 온두부 부추적채무침 총각김치	소고기무밥/땅콩죽 *양념장 냉이된장국 춘천닭갈비 마늘쫑무침 김치	병아리콩밥/무죽 순두부찌개 고등어구이 가지나물 청경채겉절이 김치	보리밥/야채죽 유채된장국 소고기샐러드 연근땅콩조림 숙주나물 김치
당뇨식							
건강을 생각한 저녁	울타리콩밥/흑미죽 호박고추장국 돈안심찹스테이크 가지나물 양상추샐러드*키위D 김치	귀리밥/땅콩죽 매생이국 두부적구이 해파리냉채 무말랭이무침 김치	보리밥/소고기죽 계란파국 짜장소스 비빔만두 열무나물 김치	흑미밥/옥수수죽 가쓰오장국 오징어까스*타르소스 콩자반 두릅오이초무침 김치	수수밥/브로컬리죽 꽃게탕 궁중고기경단조림 천사채샐러드 깻잎순나물 김치	차조밥/야채죽 버섯야채국 돈육고구마조림 동부묵야채무침 호박나물 김치	기장밥/버섯죽 미역국 안동찜닭 멸치해바라기씨볶음 오복지 김치
당뇨식			비빔만두:만두찜	오징어까스:오징어볶음			당면X

언제나 맛있고 정성이 담긴 음식을 제공하도록 노력하겠습니다.

위 메뉴는 식재구매사정에 따라 변경될수 있습니다.

당뇨식 ; 잡곡밥

(밥,죽):국산 / 누룽지:중국산 / 배추김치:배추(국산),고춧가루(중국산) / 우육:호주산 / 돈육:국산 / 삼겹살:독일산 / 닭:국산 / 동태,코다리:러시아산 / 만두:돈육(국
고등어:국산 / 갈치:모로코산 / 낙지젓:중국산 / 꽃게:중국산 / 조기:중국산 / 두부:수입산 / 오징어:원양산 / 진미채,실채:오징어(페루산) / 게맛살:명태(미국산)
두부적:두부(수입산),돈육(수입산) / 비엔나:닭(국산),돈육(국산) / 오징어까스:오징어(중국산) / 만두:돈육(국산) / 궁중고기경단:돈육(외국산,국산섞음)

◆ 단체급식 실습 보고서 양식

【단체급식 실습 보고서】

◈ **실습일자:** 20 년 월 일

◈ **조 원:** ( )조. **이름(역할):**

영양사 역할: ○ ○ ○ -
조리사 역할: ○ ○ ○ - 담당 식단, 담당 작업
○ ○ ○ -
○ ○ ○ -
△△△ -
일주일 식단: ○ ○ ○, ○ ○ ○, ○ ○ ○, ○ ○ ○, ○ ○ ○
실습 대상 영양가 분석: ○ ○ ○
표준 레시피 작성 및 단가 분석: ○ ○ ○, ○ ○ ○
식재료 검수일지, 검식일지: ○ ○ ○, ○ ○ ○

◈ **실습 사례(가상):**

1) 일반 사항

- 업종:
- 규모: 명
- 식비 예산: 원(식재료비)
- 인력 현황: 조리사 명
- 식단 형태: 밥, 국, 반찬 2, 김치, 보조식 주 1회. 간식 2회는 별도예산
- 기타 사항:

2) 급식의 전반적 운영 사항

- 운영 방식:
- 애로사항:
  - ▸
  - ▸
- 인적자원 특징 :
  - ▸
  - ▸
  - ▸

3) 실습 과제(실습전)

① 위의 가상 ○ ○ ○의 1주일분의 식단을 작성해 본다.
- 봄, 여름, 가을, 겨울 중 자유 선택한다 - 가능한 조별로 겹치지 않게 조별로 조절한다.
- 평가할 수 있는 식단을 작성한다 - 가능한 평가할 수 있는 부분이 많게 작성한다.

② 위의 가상000 운영시 어떤 자원이 부족하며, 어떤 자원은 사용 가능한가?
1.
2.
3.

	월	화	수	목	금
오전 간식					
중식					
오후 간식					
※ 식단에 대한 평가					

③ 위의 가상 ○○○ 급식 운영 시 문제나 마찰이 생길 수 있는 부분들은 어디인가?
1.
2.
3.

④ 위의 가상 ○○○ 급식 운영 시 가장 큰 문제는 무엇인가?
1.
2.
3.

⑤ 위의 ③, ④의 문제나 마찰을 해결할 수 있는 방안은 무엇인가? (3가지 이상)
1.
2.
3.

⑥ ⑤의 제안한 해결 방안을 실천하기 전에 Risk Analysis를 해보자. 높은 점수가 나오면 위험 부담이 높은 해결 방안이 된다.

위험 요소	위험 점수(0.1.2.3.4.5)	비 고
1.		
2.		
3.		
4.		

⑦ 위의 가상 ○○○에서의 일반적 사항과 운영사항을 보고난 후 좀 더 개선해야 할 부분은 무엇인가?
1.
2.
3.

◆ 단체급식 견학 프로그램 운영 예시

식생활 교육을 위한
학교급식 현장 견학 운영 계획

○○초등학교

Ⅰ 배경

1. [학교급식법] 제13조(식생활 지도 등), 제14조(영양상담)
2. [어린이 식생활 안전관리 특별법] 제13조(어린이 식품안전, 영양교육 및 홍보 등)
3. [식생활교육지원법] 제26조(학교에서의 식생활 교육)-〈개정 2013.8.13.〉

Ⅱ 목적

1. 학교급식을 교육의 일환으로 운영하여 바람직한 식생활 습관 형성으로 평생 건강 기틀 마련
2. 과학적이고 건강 지향적인 영양관리로 학생의 건강 증진 및 자기 건강관리 능력 배양
3. 체험 활동과 연계한 식생활교육 활성화로 전통식생활 문화 계승에 기여

Ⅲ 방침

1. 학교급식 영양관리 강화로 건강 지향적이며 성장 발달 단계에 적합한 영양관리
2. 환경 보존 및 식량자원의 소중함과 절약 정신을 일깨우고 자율적 공감대 형성
3. 급식 현장 견학으로 HACCP 적용 실천을 직접 경험함으로써 급식위생 안전성 확보

IV 세부 추진 내용

1. 운영 일시 : 20 년 00월 00일 ~ 00일(0일)
2. 운영 시간 : 체육
3. 운영 장소 : 도서관 및 급식실
4. 운영 대상 : 0학년(0학급)
5. 운영 내용 : 급식 현장 견학 및 조리실 체험활동
6. 운영 일정 : 해당 학급의 담임교사와 함께 협력 수업으로 진행함.

일시	대상	관련 교과	장소	수업자	수업 주제	비고
20 .00.00. 0교시 (00:00-00:00)	0-0반	체육	도서실 및 급식실	영양(교)사 000	학교급식 이해	담임교사 협력수업
20 .00.00. 0교시 (00:00-00:00)	0-0반	체육	도서실 및 급식실	영양(교)사 000	학교급식 이해	담임교사 협력수업
20 .00.00. 0교시 (00:00-00:00)	0-0반	체육	도서실 및 급식실	영양(교)사 000	학교급식 이해	담임교사 협력수업

※ 해당 학급의 담임교사와 함께 협력 수업으로 진행 함.

V 기대 효과

1. 학교급식 현장 견학을 통한 급식에 대한 이해도 및 신뢰도를 돕고 급식위생 안전성 재확인
2. 다각적인 식생활 개선 교육을 통해 음식의 소중함과 먹는 동기를 부여함으로써 음식 문화 개선 및 건전한 식생활 습관 능력 배양
3. 안심한 교육복지 증진으로 교육 활동 능력 향상

〈붙임 1〉

Ⅵ-1 TIME TABLE

날짜	00.00(일)	00.00(월)	00.00(화)	00.00(수)	00.00(목)	00.00(금)	00.00(토)
수업 내용			급식 현장 견학 (0-0반) (00:00-00:00)	급식 현장 견학 (0-0반) (00:00-00:00)	급식 현장 견학 (0-0반) (00:00-00:00)		

Ⅵ-2 수업(견학) 진행 시 사전 지도 사항(담임선생님 협력)

1. 각 교실의 인원을 감안 14명씩 2모둠으로 조 편성하기.
2. 본인 또는 가족 중 설사 환자나 피부 감염(화농, 화상 등)이 없는지 확인
   - 만일 있다면 그 학생은 현장견학 제외됨
3. 도서실 및 급식실

장소	교수-학습활동	자료 및 유의점
도서실	* 학습활동 안내 및 급식실 현장 견학 준비 (1모둠은 위생복장 착용후 급식실 현관 집합)	* 5" - 동영상 자료 시청(손씻기/39초) - 위생복장
급식실 도서실	* 모둠별 활동(15분씩 총 30분) 1모둠: 급식 현장 견학(급식실) 2모둠: 동영상 자료 시청(도서실) (다음 모둠 대기 및 준비)	* 30"(각 모둠별 15분씩 견학) - 급식실: 현장견학 (조리실 전용 위생복, ph페이퍼, 내부온도계) - 도서실: ppt 및 동영상 자료 시청(학교급식이 궁금해요/10분 53초)
도서실	* 급식 현장 견학 후 학습 내용 정리 및 평가	5" 활동지

4. 현장은 안전과 위생이 최우선이므로 소리내지 않기, 장난치지 않기, 뛰지 않기, 질문은 기억했다가 나와서 하기.
5. 영양선생님의 동선대로 움직이기.
6. 견학을 마치면 도서실로 가서 담임선생님 지도 아래 동영상 자료 시청 및 활동지 작성

〈붙임 2〉

학교급식 현장 견학 활동 계획안

1. 견학 활동 과정안

<table>
<tr><th>일 시</th><th colspan="2">20 년 00월 00일 ~ 00일 0차시</th><th>장소</th><th colspan="2">도서실 및 급식실</th></tr>
<tr><td>교 과</td><td>체 육</td><td>시간계획</td><td>40분</td><td>대 상</td><td>0학년</td></tr>
<tr><td>학습주제</td><td colspan="5">급식의 이해와 개인위생</td></tr>
<tr><td>학습목표</td><td colspan="5">개인위생의 중요성을 알 수 있다.
급식이 이루어지는 작업 과정을 이해하고 음식의 소중함을 알 수 있다.</td></tr>
<tr><td rowspan="2">교수 · 학습자료</td><td>영양(교)사</td><td colspan="4">동영상 자료, 개별 학습지, PH 페이퍼, 내부온도계, 무선마이크</td></tr>
<tr><td>학 생</td><td colspan="4">위생복, 위생모자</td></tr>
</table>

<table>
<tr><th>영역</th><th>교수 - 학습 활동</th><th>시간 / 자료 및 유의점</th></tr>
<tr><td>배움 열기</td><td>• 학습 동기 유발
- 오늘의 식단을 확인한다.
• 공부할 문제 확인
- 급식이 이루어지는 과정을 알아보기.
- 개인위생의 중요성 손씻기 시연을 통해 알아보기.</td><td>5"
♣ 동영상 자료 (손씻기)</td></tr>
<tr><td>배움 활동</td><td>• 학습 활동 안내
- 활동 : 급식실 견학
1. 조리실 출입전 사전 주의사항 알아보기.
- 소리 내지 않기, 장난치지 않기, 뛰지 않기, 질문은 나와서 하기, 영양선생님의 동선대로 움직이기.
- 손 씻기 사전 교육
2. 14명씩 2모둠 편성
- 견학 외 학생은 도서관에서 동영상 시청 및 활동지 작성(담임지도 협력)
3. 조리실 체험 활동
- 위생복, 위생모자 착용하기(위생모자 안으로 머리카락 완전히 넣기)
- 견학 시작
* 소독 발판
* 손 씻기 지도: 비누 세척 → 알코올 소독까지(시간 관계상 2명 정도 시범, 손을 사용하지 않고 전자감응 장치로 조작하는 것과 알코올 소독하는 이유)
* 고무장갑, 앞치마, 칼, 도마(색깔 구분하는 이유는 무엇일까?)
* 소독기의 건조 살균은 어떻게 이루어질까?
* 생채소의 염소소독 - PH 페이퍼를 이용 소독액 농도 체크해 보기.
* 식재료의 규격 - 우수농산물 및 축산물 등 식재료의 사용 알기.
* 내부 중심 온도 확인 - 탐침온도 시연
* 식품보관고 선입선출의 중요성 알아보기.
* 음식물쓰레기로 인한 환경오염 올바르게 인식하기.</td><td>30"
♣ 동영상 자료 (학교급식과정), 위생복, 위생모자, PH 페이퍼, 내부온도계</td></tr>
<tr><td>배움 활동 정리</td><td>• 학습 내용 정리하기
- 개인위생의 중요성에 대해 말해 보아요.
- 학교급식이 만들어지는 과정을 통해 급식의 소중함을 알게 되었어요.
• 평가하기 - 급식실 견학 후 느낀 점 활동지 적기.</td><td>5"
♣ 활동지</td></tr>
</table>

급식실 현장 견학 후 나의 다짐

나_____________는(은),

- ✔ 급식 시간에 (감사)하는 마음으로 먹기.
- ✔ 배식 후 정리정돈 잘하기.
- ✔ 버려지는 음식이 없도록 먹을 만큼 받아 가기.
- ✔ 복도에서 조리사선생님을 만나면 인사하기.
- ✔ 정성스럽게 준비한 음식은 먹을 만큼만 받기.

◆ 단체급식 활용 요리 목록표

밥							
가바쌀밥	나시고랭(볶음밥)	밥도그	삼색잡곡밥	오곡밥	잡곡밥	충무김밥	클로렐라밥
가츠돈부리	낙지김치볶음밥	밥버거	새싹비빔밥	오곡찰밥	잡채밥	취나물소고기밥	팥밥
감자밥	낙지채소덮밥	버섯날치알밥	새우살볶음밥	오리훈제볶음밥	잡탕밥	치즈김치볶음밥(케첩소스)	풋콩밥
강낭콩밥	날치알김주먹밥	버섯콩나물밥/부추양념장	생채소비빔밥/매실고추장	오므라이스	장조림버터비빔밥	치즈인카레	퓨전감자밥
검정콩밥	날치알볶음밥	베이컨볶음밥	셀프김밥	오색영양밥	제육덮밥	치킨데리야끼볶음밥	하이라이스
계란볶음밥	녹두밥	베이컨파래볶음밥	소고기콩나물밥/양념장	오색주먹밥	중화볶음밥	치킨마요덮밥	해물볶음밥
고구마밥	녹차밥	보리밥	소보로덮밥	오색초밥	차수수밥	치킨카레라이스	해물소스비빔밥
곤드레나물밥/간장양념장	단호박영양밥/부추양념장	볶음밥	소불고기덮밥	오징어숙회덮밥	차슈덮밥	칠리소스덮밥	해물영양밥
굴소스볶음밥	닭살콩나물밥	볶음밥(파인애플)	쇠고기볶음밥	옥수수밤밥	차조밥	칠리소스오므라이스	해물주먹밥
궁중비빔밥	도토리묵비빔밥	볶음밥(새우)	쇠고기채소볶음밥	옥수수밥	찰밥(삼계용)	카레덮밥(미트볼)	해초비빔밥
귀리밥	돈육채소밥	봄나물비빔밥	수수밥	완두콩밥	찰영양밥	카레덮밥(오징어)	현미밥
기장밥	동부콩밥	불고기김치볶음밥	쌀밥	우스터칠리소스덮밥	찰옥수수알밥	카레라이스	현미쑥쌀밥
김밥볶음밥	돼지고기덮밥	비빔밥(낙지)/약고추장	쌀밥(강황)	우엉밥	참치김치덮밥	카레라이스(쇠고기)	현미찹쌀보리밥
김주먹밥	맛새우주먹밥	비빔밥/순두부비빔장	쌀밥(클로렐라)	울타리콩밥	참치김치오니기리(주먹밥)	카레볶음밥	혼합잡곡밥
김치밥	매운참치주먹밥	비빔밥/(약고추장)	야채주먹밥	유부초밥(2개배분)	참치마요덮밥	카레우동	훈제오리볶음밥
김치볶음밥	멸치흑임자주먹밥	비빔밥/강된장	약밥	율무밥	참치생야채비빔밥	칸소칠리볶음밥	흑미고구마밥
김치날치알볶음밥	무밥/양념장	비빔밥(삼색)	약콩밥	자장덮밥(훈제오리)	참치야채비빔밥	콩나물밥/달래장	흑미기장밥
김치치즈덮밥	발아현미밥	산채비빔밥	양송이볶음밥	자장덮밥(해물)	찹쌀밥	콩나물밥/돈육김치양념장	흑미밤밥
김치카레볶음밥	밤영양밥/양념장	삼색비빔밥/양념장	열무보리비빔밥	자장밥	채소밥	콩나물밥/양념장	흑미밥
꽁보리밥/양념고추장	밤콩밥	삼색쌀밥	영양밥/달래장	잔멸치흑임자주먹밥	청포묵비빔밥	퀴노아밥	흑미콩밥

면							
감자수제비국	닭고기칼국수	매콤비빔쫄면	베트남쌀국수	새알심만두떡국	열무냉칼국수	짬뽕	파스타치즈구이
기스면	돈육납작면볶음	메밀소바	봉골레스파게티	소시지스파게티(독일식)	열무물냉면	초계국수	파스타해물볶음(매운굴소스)
김치스파게티	돈코츠라멘	물만두국	비빔국수(소면무침)	알리오올리오스파게티	유부국수	카레우동	팟타이볶음쌀국수
김치유부우동	들깨수제비국	미역수제비국	비빔냉면	얼큰김치수제비국	유부우동	콩국수	해물떡볶이
나가사끼짬뽕	떡갈비파스타	미트볼스파게티	비빔만두(강정소스)	얼큰우동	자장면	크림스파게티	해물볶음우동
녹차수제비국	떡만두국	바지락수제비국	삼색수제비국	연어크림파스타	잔치국수	토마토스파게티	해물스파게티
닭고기수제비	매콤비빔당면	바지락칼국수	삼선자장면	열무냉국수	조랭이떡국(쇠고기)	투움바파스타	해물칼국수

빵							
가래떡추러스	단호박식빵피자	모닝빵샌드위치	새우버거	수제계란빵	야채핫케익	찹쌀도너츠	파파야핫도그/케찹
가래떡핫도그	단호박찜케익	몬테크리스토	샌드위치(햄에그)	수제식빵핫도그	에그타르트	초코브라우니	프렌치토스트
감자샐러드샌드위치	돈까스샌드위치	못난이수제도너츠	샌드위치(잼)	수제에그홀릭토스트	옥수수케익	초코칩쿠키	피자데니쉬
견과류고구마떡	두부도너츠	못난이수제핫도그	샌드위치(채소)	수제유자팬케익	우리밀핫도그	초코케익	피자도너츠
견과류치즈토스트	딸기잼샌드위치	미니삼단샌드위치	샌드위치(터널)	슈가두부도너츠	웰빙찐빵	치즈케익	피자토스트
계란토스트	딸기잼식빵구이	바게뜨토스트	샌드위치(햄)	시금치바나나케익	인절미토스트	카카오두부도너츠	피자핫도그
고구마파이	딸기잼파이	베이글	생크림딸기모닝빵	시금치케익	조각케이크 (고구마케이크)	콘야채데니쉬	피칸파이
과일팬케익	링도너츠	베이크핫도그	생크림와플	시나몬토스트	조각케이크 (쵸코모카)	콘후레이크핫도그	핫도그/케찹
김치피자토스트	마늘토스트	붕어빵	생크림토스트	식빵러스크	찐빵튀김	크로켓	핫도그샌드위치
깨찰빵	마드레느(미니)	브라우니	소보로빵	식빵핫도그	찜케익	크로크무슈	호두과자
깨찰스틱	머핀빵	블루베리잼식빵구이	소시지식빵토스트	아몬드쿠키	찰보리빵	크림빵	호두타르트
녹차카스테라	모닝빵&딸기잼	비엔나케익	수능기원화과자	아이스롤케익	찰스틱도너츠	토스트피자	후레쉬번
단팥빵	모닝빵메론샌드위치	빠네	수제견과팬케익	애플파이	찹쌀꽈배기	파운드케이크	후레쉬슈

죽 · 스프							
감자스프	단팥죽-부식	동지팥죽	쇠고기스프	양송이크림스프	인삼닭죽	채소죽	크림스프(연두부)
견과류단팥죽	단호박스프	땅콩스프	쇠고기야채죽	영양닭죽	잣죽	크림스프(단호박)	크림스프와토스트
낙지김치죽	단호박크림스프	브로콜리크림스프	쇠고기양송이죽	옥수수스프	전복죽	크림스프(브로컬리)	호박범벅
단팥죽	닭죽	쇠고기미역죽	야채크림스프	옥수수스프(크루통)	찹쌀닭죽	크림스프(쇠고기)	호박죽

찌개 · 탕							
갈비탕	달래된장찌개	동태매운탕	배추들깨탕	쇠고기감자찌개	알탕	육개장	토란탕
감자두부찌개	달래무찌개	돼지갈비감자탕	버섯매운탕	쇠고기낙지전골	애호박된장찌개	잔새우매운탕	표고들깨탕
감자버섯찌개	닭개장	돼지갈비김치찌개	버섯새알들깨탕	쇠고기된장찌개	양배추찌개	잡탕전골	표고버섯된장찌개
감자탕	닭고기스튜	돼지고기두부찌개	버섯전골	쇠고기두부찌개	양송이버섯찌개	조개완자탕	풋고추호박잎찌개
곰탕	닭곰탕	돼지등뼈감자탕	부대찌개	쇠고기매운탕	어묵감자찌개	조개탕	한방갈비탕
굴두부찌개	닭곰탕(당면)	두부계란탕	북어계란탕	쇠고기버섯전골	어묵김치찌개	조기매운탕	해물된장찌개
김치찌개	닭다리삼계탕	두부김치찌개	북어고추장찌개	쇠고기스튜	어묵만두탕	짬뽕	해물순두부찌개
김치호박찌개	대구매운탕	두부명란찌개	북어두부찌개	쇠고기우거지탕	어묵매운탕	참치김치찌개	해물탕
꼬리곰탕	도가니탕	두부무찌개	불고기낙지탕	쇠고기채소찌개	얼큰버섯전골	채식매운탕	햄김치찌개
꼬치어묵탕	돈육고추장찌개	두부새우젓찌개	삼계탕	쇠고기탕국	연두부계란탕	청국장찌개	햄모듬찌개
꽁치김치찌개	돈육김치찌개	맑은감자탕	새우게살탕	수제비매운탕	연포탕	청포묵쇠고기탕	호박두부된장찌개
꽁치통조림찌개	돈육두부찌개	무쇠고기찌개	새우계란탕	순두부김치찌개	오징어찌개	초교탕	호박오징어찌개
꽃게된장찌개	돈육무찌개	물오징어찌개	설렁탕	순두부맑은탕	우럭매운탕	추어탕	호박잎된장찌개
꽃게탕	돈육콩나물찌개	민어매운탕	소내장찌개	순두부조개탕	우럭수제비매운탕	콩나물된장찌개	홍합숙주두부탕
냉이순두부찌개	돈육풋고추찌개	바지락조개탕	쇠갈비감자탕	순두부찌개	우렁된장찌개	콩나물북어매운탕	홍합탕
누룽지탕	돈육호박찌개	반계탕	쇠고기감자매운탕	쑥된장찌개	유부김치찌개	콩비지찌개	황태버섯찌개

국 류							
가지냉국	김치어묵국	대합살미역국	미역오이냉국	소고기배추된장국	시래기우렁된장국	우거지해장국-돼지	콩나물무채국
감자고비된장국	김치우동	도토리묵냉국	바지락감자국	솎음배추조개국	실파계란국	우거지해장국-쇠고기	콩나물배추된장국
감자다시마국	김치콩나물국	도토리묵온국	바지락무국	송이버섯국	실파장국	우무냉국	콩나물오징어김치국
감자미역국	낙지미역국	돼지갈비우거지국	바지락살미역국	쇠고기감자국	쑥갓어묵국	유부두부국	콩나물해장국
감자애호박국	낙지수제비국	돼지뼈해장국	바지락살콩나물국	쇠고기경단국	쑥콩가루된장국	유부맑은국	탕국
감자양파국	낙지전골	두부굴국	배추속대국	쇠고기당면국	아욱된장국	유부맑은된장국	토란국
건새우무국	냉이달래된장국	두부어묵새우젓국	버섯된장국	쇠고기맑은무국	아욱된장국(수제비)	재첩조개국	팽이버섯맑은국
건새우미역국	냉이된장국(바지락)	두부유부새우젓국	보리순된장국	쇠고기미역국	아욱된장국(조갯살)	조개된장국	표고감자국
건새우아욱된장국	냉이된장국(조갯살)	두부장국	부추계란국	쇠고기실파국	애탕국	조갯살미역국	표고호박국
경단미역국	냉이두부된장국	두부채소국	부추미소된장국	쇠고기채소된장국	양배추두부국	조갯살배추된장국	해물모듬국
고사리토장국	냉이콩나물국	들깨무채국	북어맑은국	쇠고기콩나물국	양송이무국	조랭이떡미역국	햇고사리국
곤약어묵국	냉이호박된장국	들깨미역국	북어무국	쇠고기크림스프	어묵맑은국	청포묵국	호박된장국
굴무국	녹두찹쌀백숙	들깨버섯국	북어미역국	순대국	어묵무국	콩가루배추된장국	호박새우젓국
굴미역국	느타리버섯된장국	매운무국	북어콩나물국	시금치된장국	얼큰미역국	콩나물갱시기	호박오가리국
근대된장국(건새우)	다슬기해장국	멸치장국	브로콜리맑은된장국	시금치된장국(건새우)	열무감자국	콩나물국-남도식	홍합무국
근대된장국(바지락)	단배추된장국	모시조개콩나물국	사골뼈해장국	시금치된장국(바지락)	열무된장국	콩나물김치국	홍합미역국
김냉국	단호박된장국	무다시마국	사골우거지국	시금치된장국(조갯살)	영계백숙	콩나물냉국	홍합부추국
김유부국	달래된장국(조갯살)	무어묵국	새알미역국	시금치된장국(콩나물)	영양북어국	콩나물냉이국	홍합살미역국
김치국	닭미역국	미역냉국	새우살미역국	시금치조갯살국	오이냉국	콩나물두부국	황태미역국
김치만두국	닭백숙	미역된장국	선짓국	시래기된장국	오이미역냉국	콩나물맑은국	황태콩나물해장국

구이							
LA돼지갈비엿장구이	고등어갈비구이	닭다리훈제구이	두부스테이크	미니수제호두파이	소시지구이/머스터드소스	와인삼겹살구이	통삼겹살구이
가래떡갈비	고등어데리야끼구이	닭떡양념꼬치	두부양념구이	미니햄버거스테이크	소시지또띠아	웨지감자	파래김구이
가자미구이	고등어자반구이	닭매실양념구이	두부프리타타	바베큐폭립(등갈비)	쇠고기구이	임연수데리야끼구이	팽이버섯버터구이
갈릭크림소스또띠아	고르곤졸라또띠아	닭봉구이/딸기잼	떡갈비	바베큐폭찹	스위스스테이크	임연수카레구이	폭찹스테이크(LA갈비)
갈릭피자	구운계란	닭봉매운양념구이	떡갈비맛스테이크*소스	뱅어포구이	스위스스테이크(돼지)	장어양념구이	피자
갈비구이	구이김(조미)	닭봉유자생강소스구이	떡갈비스테이크/소스	뱅어포양념구이	스파이시웨지감자	조기구이	피자또띠아
갈비살스테이크	구이김/달래양념장	닭스테이크	떡꼬치	벌집감자구이	스팸햄구이	조랭이떡피자	함박스테이크
갈치구이	김치함박스테이크	닭양념꼬치	떡꼬치/고추장과일소스	북어포양념구이	알감자버터구이	쥐포구이	함박스테이크(김치)
갈치카레구이	깐풍군만두	닭윙매운양념구이	떡피자	불고기또띠아	애플파이	찹스테이크	함박스테이크(날치알)
감자버터구이	꽁치양념구이	더덕구이	라면견과류강정	비너슈니첼	애호박치즈토스트	철판군만두	함박스테이크(두부)
감자범벅오븐구이	나물떡갈비	돈육LA갈비구이	레이즌시리얼닭구이	사과시나몬또띠아	양파떡갈비맛스테이크/소스	청어구이	함박스테이크(어니언)
감자치즈그라탕	나물또띠아	돈육또띠야	로즈마리웨지감자	삼겹살/버섯구이	어묵치즈바/고추장소스	치즈불닭	함박스테이크(올리브)
감자튀김	납작군만두	돈육양겨자구이	매콤스테이크	삼겹살고추장구이	어묵치즈버터구이	치킨또띠아	함박스테이크(치즈사과소스)
감자팬케이크	단호박스테이크	돼지고기폭찹	맥적구이	삼치데리야끼구이	연어크림스테이크	치킨퀘사딜라	함박스테이크(크런치)
감자후라이드(냉동감자)	달걀채소구이	돼지매실고추장구이	메밀김치전병	삼치된장구이	오리양념구이	컵피자	함박스테이크(파파야)
견과류또띠아	닭고기두반장구이	돼지생강구이	목살스테이크	삼치딸기잼구이	오리엔탈프리타타	코다리살강정	햄치즈구이
견과류통삼겹살구이	닭고기채소오븐구이	된장삼겹살구이	미니고구마피자	삼치마요구이	오지치즈후라이	코다리살양념구이	호두바나나또띠아
고구마또띠아피자	닭꼬치구이	두부구이	미니떡갈비	삼치카레맛구이	옥수수버터구이-스틱형	크래커닭구이	호떡파이
고구마미트번	닭날개두반장구이	두부김치스테이크	미니수제사과호두파이	새송이엿장구이	옥수수버터마요구이	타워스테이크	황태양념구이
고구마파이	닭다리매운바베큐구이	두부담은바베큐크림치즈롤	미니수제피자	생선크림그라탕	옥수수치즈구이	탄두리치킨	훈제오리구이

조림							
LA돼지갈비엿장조림	김치감자조림	닭파인소스조림	두부찜과 간장소스	무풋고추조림	삼치데리야끼	알감자데리야끼조림	우엉콩조림
간고등어조림	깻잎양념장절임	데리야끼고등어조림	두부참치조림	미트볼고구마조림	삼치매실청조림	알감자새우꿀조림	임연수살강정
갈치무조림	꽁치구이양념장조림	데미글라스닭봉조림	떡LA갈비찜	미트볼떡조림	삼치무조림	알감자어묵조림	임연수살엿장조림
갈치조림	꽁치무조림	도라지간장조림	떡갈비조림	미트볼소시지조림(케첩소스)	삼치살강정	알감자조림	잡채어묵마파소스
감자두부조림	꽁치일식조림	도토리묵오징어조림	떡밤초	미트볼스테이크조림	삼치살조림/칠리소스	양송이오징어조림	장똑똑이
감자메추리알조림	꽃게양념조림	돈육감자조림	마른새우조림	미트볼조림(칠리소스)	삼치엿장조림	어묵감자조림	장어조림
감자멸치조림	꽈리고추감자조림	돈육메추리알장조림	마파감자조림	미트볼조림(피자소스)	삼치조림	어묵메추리알조림	조기조림
감자소시지조림	꽈리고추감자찜	돈육장조림	매콤닭감자조림	미트볼조림(파인애플스테이크소스)	삼치튀김조림	어묵멸치풋고추조림	쥐치포조림
감자어묵조림	꽈리고추메추리알조림	돈육장조림(새송이)	맥적데리조림	미트볼케첩조림	새송이메추리알조림	어묵밤조림	진미채된장조림
감자조림	난자완스	돈육장조림(떡)	메추리알감자조림	밤떡초	생땅콩조림	어묵조림	참치볼케첩조림
감자조림(매운)	단호박닭다리살조림	동태살칠리소스조림	메추리알강낭콩조림	뱅어포조림	소시지양파조림	연근땅콩조림	채식미트볼떡조림(칠리소스)
감자풋고추조림	단호박조림	돼지갈비고구마조림	메추리알고추장조림	베이컨알감자조림	소시지케첩조림	연근밤조림	치킨마파두부
감자햄조림	닭고기두반장조림	돼지갈비엿장조림	메추리알어묵장조림	병어조림	쇠고기감자조림	연근우엉엿장조림	치킨알밤소스조림
갑오징어굴소스볶음	닭고기장조림	돼지고기감자조림	메추리알장조림	북어포조림	쇠고기달걀조림	연근조림	코다리양념조림
계란장조림	닭날개깐풍조림	돼지고기장조림	멸치꽈리고추조림	브로컬리떡갈비조림	쇠고기두부양념조림	연어김치말이조림	풋고추고기조림
고등어감자조림	닭다리간장조림	두부구이양념장	멸치콩강정볶음	비엔나소시지케찹조림	쇠고기메추리알장조림	오복채	풋고추꼴뚜기조림
고등어김치조림	닭다리두반장조림	두부굴소스조림	멸치풋고추조림	비엔나알감자조림	쇠고기무조림	오징어땅콩조림	풋고추오징어링조림
고등어무조림	닭묵은지조림	두부두반장조림	명태조림	비엔나파인애플조림	쇠고기완자떡조림	오징어볼케첩조림	호두땅콩멸치조림
고등어엿장조림	닭볶음탕	두부양념조림	모듬장조림	비프스틱조림	쇠고기장조림	우엉고기조림	호박조림
고등어우거지된장조림	닭봉엿장조림	두부양파조림	모듬콩조림	삼겹살감자조림	수제소시지야채볶음	우엉땅콩조림	홍합초
고추잎절임	닭안심굴소스조림	두부엿장조림	무양파조림	삼치감자조림	안심꽈리고추조림	우엉채엿장조림	후랑크메추리알조림
구멍어묵조림	닭윙조림	두부조림	무조림	삼치단호박조림	알감자고추장조림	우엉채엿장조림(고추장)	후랑크소시지케찹조림

찜							
LA갈비찜	계란찜(삼색)	단호박찜	돈사태김치찜	떡쇠고기찜	사태감자찜	야채새우계란찜	찐계란
LA매운갈비찜	계란찜(이색)	단호박찜(닭고기)	돈육김치찜	로스팅보쌈(야채)	사태떡찜	연두부계란찜	찐옥수수
가래떡사태(돼지)	고구마그라탕	단호박찜(돈육)	동파육	로제찜닭	사태매운찜(돼지)	연두부찜	치즈계란찜
가자미찜과 간장양념	김치찐만두	달걀야채찜	돼지LA갈비찜	만두찜&양념간장	사태찜(돼지)	연북어찜	코다리무찜
가지찜	깻잎멸치찜	닭고기콩나물찜	돼지LA갈비찜(매운)	명란달걀찜	사태찜(쇠고기)	연어김치찜	코다리콩나물찜
갈비찜	깻잎찜	닭김치찜	돼지갈비델리소스찜	명태찜	쇠고기찜	영양참치계란찜	클로렐라물만두찜
감자그라탕	꼬마고구마찜	닭날개소스찜	돼지갈비떡찜	물만두(찜)	수육/무쌈	오리훈제야채찜	파프리카계란찜
감자그라탕(피자소스)	꽁치찜	닭매운찜	돼지갈비매운찜	바베큐폭립	순대찜	오리훈제찜	편육/새우젓
감자그라탕(컵)	꽃게찜	닭찜	돼지갈비엿장조림	버섯계란찜	실크삼겹찜	오향장육/무쌈	풋고추찜
계란명란찜	날치알계란찜	대하새우찜	돼지갈비찜	버섯순두부계란찜	아귀찜	왕만두	해물떡찜
계란쇠고기찜	단호박갈비찜	돈등뼈김치찜	등갈비김치찜	병어양념찜	안동식찜닭	주꾸미콩나물찜	해물아귀찜
계란찜	단호박계란찜	돈사태갈비찜	따바오&양념간장	비엔나떡찜	애호박찜	중하찜	해물콩나물찜

샐러드							
감자범벅	멕시칸샐러드	샐러드 (양상추, 키위소스)	샐러드(과일생크림)	샐러드(배)	샐러드(참외)	샐러드(펜네참치)	콘푸레이크샐러드
감자범벅(채식)	뮈슬리시리얼샐러드	샐러드 (양상추, 포도소스)	샐러드(그린)	샐러드(봄동)	샐러드(참치타르타르)	샐러드(포테이토)	콘푸레이크샐러드-딸기
고구마범벅	비트쌈채샐러드	샐러드 (오레오바나나)	샐러드(꽃맛살)	샐러드(봄동모듬)	샐러드(채소)	샐러드(햄오이)	콘푸레이크샐러드-멜론
고구마치즈범벅	부추샐러드	샐러드 (햄마카로니)	샐러드(녹차드레싱)	샐러드(브로콜리)	샐러드(춘권피, 와후드레싱)	어린잎샐러드	콘후레이크샐러드
단호박범벅	샐러드 (관자(키조개)꼬치)	샐러드 (허브소시지그린)	샐러드(단호박사과)	샐러드(사과)	샐러드(치킨)	연근부각샐러드	크런치메추리알샐러드
달래돌나물고추장샐러드	샐러드 (시리얼양상추)	샐러드 (훈제바베큐)	샐러드(떡)	샐러드(생크림과일)	샐러드(콘)	요구르트샐러드	토마토견과샐러드/발사믹드레싱
닭살샐러드	샐러드 (양상추, 딸기소스)	샐러드(고구마)	샐러드(떡맛살)	샐러드(양상추)	샐러드(토마토)	케이준새우볼샐러드	토마토카프레제샐러드
메추리알감자샐러드	샐러드 (양상추, 참깨소스)	샐러드(과일, 키드마)	샐러드(마카로니)	샐러드(옥수수콘)	샐러드(팝콘치킨)	케이준치킨샐러드	햄양상추샐러드

무침 1							
가지나물	냉이조개무침	도토리묵야채무침	무생채(물미역초)	봄동된장무침	수육파인무침(쇠고기)	얼갈이된장무침	오이실파무침
갑오징어오이무침	노가리채무침	도토리묵오이무침	무생채(미나리)	봄동무침	숙주게맛살무침	얼갈이배추고추장무침	오이쑥갓무침
갑오징어초무침	노각생채	도토리묵치커리무침	무생채(사과)	부추무생채	숙주나물무침	얼갈이배추된장무침	오이양파무침
건파래무침	다시마쌈과 초고추장	도토리묵회/양념간장	무쌈(레몬)	부추양파무침	숙주미나리무침	연두부양념장	오이장아찌
게맛살냉채	단무지	돈나물오이무침	무쌈(매실)	부추오이생채	시금치고추장무침	열무된장무침	오이지무침
겨자채	단무지무침	두릅나물/초고추장	무쌈냉채	북어채무침	시금치깨소스무침	오리무쌈말이/땅콩소스	오이파인냉채
고구마순무침	달걀까나페	두릅오징어초무침	무짠지무침	북어채오이무침	시금치들깨무침	오리엔탈치킨샐러드	오이피클
고춧잎나물	달래냉이나물	두부까나페	무초절임쌈	비름, 고추잎나물무침	시금치땅콩무침	오리훈제&비빔채소	오징어도라지생채
곤약채팽이버섯무침	달래무무침	두부냉채	물미역초고추장무침	비름나물무침	시금치맛살무침	오리훈제/부추무침	오징어무생채
골뱅이사과무침	달래오이무침	마늘쫑무침	물미역초무침	비름나물무침(초고추장)	시금치무침	오리훈제유자청샐러드	오징어물미역초회
골뱅이소면무침	달래청포묵무침	마늘쫑진미채무침	물파래무무침	사과오이초무침	시금치새우살무침	오복채	오징어배초무침
골뱅이실곤약무침	닭살부추냉채	머위나물무침	미나리굴무침	사과오징어초무침	시금치유부무침	오이게맛살무침	오징어사과무침
골뱅이쫄면무침	닭살해파리냉채	머위대된장무침	미나리두부무침	삶은브로콜리	시금치초고추장무침	오이깍둑무침	오징어사과무침-충무식
근대무침	더덕오이생채	메밀묵김치무침	미나리무생채	삼색나물무침	실곤약무침	오이당근스틱/쌈장	오징어숙회/브로콜리/초고추장
김무생채	도라지두릅생채	명엽채오이무침	미나리무침	삼색두부냉채	쑥갓나물	오이도라지생채	오징어젓무침
김무침	도라지야채무침	모듬쌈	미나리초무침	삼색묵무침	쑥갓된장무침	오이맛살무침	오징어초무침
깻잎장아찌	도라지오이생채	모듬야채피클	미삼무침	삼색초무침	쑥갓초고추장무침	오이무장아찌	올방개묵김치무침
깻잎치커리초무침	도라지채무침	모듬초회	미역게맛살초무침	상추쌈/쌈장	아삭이고추무침	오이무침	올방개묵무침
꼬막양념무침	도리지무생채	무말랭이무침	미역국수무침	상추오이무침	애느타리고추장무침	오이부추무침	유채나물무침
낙지브록콜리초무침	도토리묵김무침	무말랭이무침(고춧잎)	미역초무침	섬초무침	양배추쌈&쌈장	오이사과무침	장어모듬초회
낙지초무침	도토리묵김치무침	무말랭이무침(오징어채)	방풍나물무침	소라곤약무침	양장피잡채	오이새우초무침	절임배추와 무속쌈
냉이고추장무침	도토리묵돌나물무침	무생채	배냉채	수육파인무침	어묵오징어무침	오이생채	중국식오이피클

무침 2

진미마요무침	쭈꾸미초무침	청경채상추쌈	취나물무침	콩나물들깨가루무침	콩나물파채무침	팽이도라지무침	해파리냉채
진미무말랭이무침	참나물된장무침	청포묵/양념간장	치커리부추무침	콩나물맛살무침	콩나물햄냉채	팽이버섯냉채	해파리적채냉채
진미어묵무침	참나물새우된장무침	청포묵/클로렐라무침	치커리상추쌈	콩나물매운무침	탕평채	팽이부추무침	햄맛살냉채
진미채오이무침	참나물초무침	청포묵콩나물무침	치커리오이생채	콩나물무침	파래무생채	표고버섯고추장무침	호두취나물무침
진미채오징어무침	천사채무침	청포묵해초무침	콩나물겨자채	콩나물부추무침	파래무침	풋마늘명엽채무침	홍어회무침
쫄면야채무침	청경채무침	취나물고추장무침	콩나물냉채	콩나물오이무침	파래오이생채	해초무침	훈제오리초무침

소스

간장소스(와사비)	동태살칠리소스	마늘소스	복분자드레싱	스파이시오리엔탈드레싱	요플레드레싱	카레소스	파인마요소스
간장양념장	된장드레싱	마요고추장	복숭아소스	쌈장	우렁쌈장	케참마니스소스	파인애플소스
갈락치즈드레싱	두반장소스	마요밀크소스	볶음밥케찹소스	야끼소스	유자드레싱	케참소스	파프리카요구르트드레싱
강된장소스	두부드레싱	만다린소스	부추양념장	야채샐러드드레싱	유자마요소스	케첩꿀소스	포도소스
강정소스	두부쌈장	맛간장소스	브라운소스	약고추장	자장소스	콜라칠리소스	프렌치드레싱
고추장양념	들깨드레싱	매실소스	블루베리소스	양겨자소스	자장소스(볶음밥)	크리미양파소스	피시소스
과일소스	딸기드레싱	매콤마늘소스	비빔소스	양념치킨소스	중국풍소스	크림마요소스	하이라이스소스
그게이비소스	땅콩데리소스	머쉬룸소스	사과소스	양파드레싱	참깨드레싱	키위겨자소스	해선장소스
김치소스	땅콩버터소스	머스터드소스	사우전아일랜드드레싱	연겨자소스	참소스	키위드레싱	허니드레싱
달래양념장	땅콩소스	미트볼조림소스	살사소스	엿장소스	체리소스	타르타르소스	허니머스터드소스
닭간장소스	땅콩쌈장	미트소스	순두부고추장소스	오렌지마요소스	초간장	타르타르소스(케찹)	호두쌈장
닭꼬치소스	레몬드레싱	바베큐소스	스위트칠리소스	오렌지샐러드드레싱	초고추장	탕수육소스	화이트소스
데리야끼소스	레몬크림소스	바질페스토	스테이크소스	오리엔탈드레싱	초코시럽	탕수육오렌지소스	후르츠소스
돈까스소스	로제소스	발사믹드레싱	스테이크양파소스	요구르트소스	칠리소스	토마토드레싱	흑임자드레싱

볶음 1

가지볶음	건새우케첩볶음	굴소스마늘쫑새우볶음	낙지볶음	대구포꽈리고추볶음	돼지고기버섯불고기	마늘쫑어묵볶음	멸치풋고추볶음
가지볶음(중국식)	건새우풋고추볶음	궁중떡볶이	낙지쇠고기볶음	대구포풋고추볶음	돼지고기숙주덮밥볶음	마카로니볶음	명엽채땅콩볶음
가지쇠고기볶음	건오징어실채볶음	김자반	느타리버섯볶음	도라지나물	돼지고기자장볶음	마카로니케첩볶음	명엽채볶음
가지양파볶음	건파래볶음	김치당면볶음	느타리햄볶음	돈육갑오징어볶음	돼지고기주물럭	마파감자	무나물
간장떡볶음	견과류멸치볶음	김치돈육볶음	닭갈비볶음	돈육고추장불고기	돼지고기케첩볶음	마파두부	무나물들기름볶음
감자멸치볶음	고구마순들깨나물	김치들깨볶음	닭고기간장떡볶음	돈육굴소스볶음	돼지고기편육채소볶음	마파알감자	무떡볶음
감자버터볶음	고구마줄기볶음	김치떡볶음	닭고기간장볶음	돈육두루치기	돼지고기피망볶음	마파어묵	문어버섯불고기
감자베이컨볶음	고비나물돈육채볶음	김치볶음	닭고기단호박찜	돈육무볶음	돼지불고기	매운짜장떡볶음	미역줄기게맛살볶음
감자야채볶음	고비나물볶음	김치어묵볶음	닭고기두반장볶음	돈육미소된장볶음	두부지짐과 김치소스	매콤떡볶이	미역줄기볶음
감자채볶음	고사리들깨나물	김치잡채	닭고기떡볶음	돈육부추볶음	떡볶음	매콤소이까르보나라떡볶이	미역줄기햄볶음
감자채튀김볶음	고사리볶음	김치참치볶음	닭고기파인애플볶음	돈육불고기	떡볶음(매운크림소스)	매콤홍합볶음	미트볼떡볶이
감자풋고추볶음	고추어묵볶음	김치해물잡채	닭다리살떡볶음	돈육야채볶음	떡볶음(크림소스)	매콤훈제오리볶음	밀떡볶이
감자햄볶음	고추잡채/꽃빵	김치햄볶음	닭볶음	돈육오징어불고기	떡새우칠리볶음	머위나물	방풍나물볶음
갑오징어떡볶음	고추장닭불고기	까르보나라떡볶이	닭불고기	돈육자장볶음	떡잡채	머위들깨볶음	배추굴소스볶음
갑오징어불고기	고추장떡볶이	깻잎볶음	닭살땅콩볶음	돈육채소볶음	떡치즈볶음	메추리알떡볶이	배추비엔나굴소스볶음
갑오징어홍합볶음	곤드레나물볶음	깻잎순볶음	닭살채소볶음	돈육콩나물찜	류산슬	메추리알어묵볶음	뱅어포볶음
건게맛살부추볶음	곤약야채떡볶음	꽁치김치볶음	닭안심굴소스볶음	돼지갈비바베큐	마늘쫑멸치볶음	멸치고추장볶음	버섯볶음(맛살)
건새우꽈리고추볶음	구멍떡볶이	꽈리고추멸치조림	닭채소볶음	돼지고기김치볶음	마늘쫑볶음	멸치꽈리고추볶음	버섯볶음(어묵)
건새우마늘쫑볶음	구절판/무쌈	낙지떡볶음	닭카레볶음	돼지고기꽈리고추볶음	마늘쫑볶음(멸치)	멸치땅콩볶음	버섯잡채
건새우우엉채볶음	구절판/밀전병	낙지메추리알볶음	닭호두볶음(간장소스)	돼지고기두루치기	마늘쫑볶음(햄)	멸치볶음	베이컨채소볶음

볶음 2							
별난떡볶이	소불고기당면볶음	애호박느타리버섯볶음	어묵볶음	오징어떡볶음	잡채볶음	치즈떡볶이	표고피망볶음
부추잡채	소세지멸치볶음	애호박대합살볶음	어묵볶음(미트볼소스)	오징어매운볶음	제육볶음	치즈불닭	풋고추쇠고기볶음
북어채볶음	소세지야채볶음	애호박볶음	어묵볼고추볶음	오징어버섯불고기	조랭이떡볶이	치즈어묵볶음	풋마늘건새우볶음
브로콜리크림소스볶음	쇠고기고추장볶음	애호박새우젓볶음	어묵양파볶음	오징어불고기	중국식닭볶음	치즈오믈렛	풋마늘오징어볶음
비엔나떡볶음	쇠고기굴소스볶음	야채닭갈비	어묵우엉볶음	오징어삼겹살볶음	쥐어채볶음	치킨데리야끼	퓨전삼겹살볶음
비엔나메추리알볶음	쇠고기낙지볶음	양송이감자볶음	어묵잡채	오징어실치채볶음	진미채꽈리고추볶음	칠리떡볶음	피자떡볶이
비엔나버섯볶음	쇠고기버섯불고기	양송이굴소스볶음	어묵잡채말이야채볶음	오징어채소볶음	진미채땅콩가루볶음(고추장)	칠리비엔나감자볶음	해물볶음
비엔나브로콜리볶음	쇠고기새송이볶음	양송이굴소스해물볶음	어묵채소볶음	왕떡볶음	진미채마늘쫑볶음	칠리호박베이컨볶음	해물잡채
비엔나소세지야채볶음	쇠고기샐러리볶음	양송이버섯볶음	어묵풋고추볶음	우엉볶음	진미채매콤볶음	칠절판/무쌈	해물청경채볶음
비엔나소시지볶음	쇠고기오이볶음	양송이비엔나볶음	얼갈이된장지짐	우엉어묵볶음	진미채볶음	칠절판/밀전병	햄고추장두루치기
비엔나소시지볶음(고추장)	쇠고기쭈꾸미볶음	양송이오믈렛	열무된장지짐	우엉잡채	진미채호두볶음(케첩)	코다리콩나물지짐	햄굴소스볶음
비엔나알감자볶음	쇠고기채소볶음	양송이해물볶음	오리불고기	우엉잡채	질경이나물볶음	콩고기매콤불고기(채식)	햄부추잡채(칠리소스)
비엔나파인고추장볶음	쇠고기호박볶음	양송이햄볶음	오믈렛	우엉진미채볶음	쭈꾸미떡볶음	콩나물불고기	호박고지볶음
비엔나푸실리볶음	쇠불고기	어니언치즈브레스트	오이갑장과	유부잡채	쭈꾸미매운볶음	콩나물잡채	호박들기름볶음
새송이굴소스볶음	수제소세지채소볶음	어묵감자볶음	오이볶음	잔멸치견과볶음	쭈꾸미야채볶음	크림소스떡볶이	호박새우살볶음
새송이버섯돈육볶음	순대야채볶음	어묵곤약볶음	오절판/무쌈	잔멸치고추장볶음	참치감자볶음	토마토계란볶음	호박새우젓볶음
새송이버섯볶음	순대오징어볶음	어묵느타리버섯볶음	오절판/밀전병	잔멸치땅콩볶음	참치김치볶음	토마토떡볶음	후랑크버섯볶음
새송이파프리카볶음	스크램블에그	어묵떡볶음	오징어구이볶음	잔멸치비엔나볶음	참치채소볶음	파래어묵볶음	후랑크소시지감자볶음
새우스크램블에그	아몬드잔멸치볶음	어묵마늘쫑볶음	오징어돈육볶음	잔멸치소시지볶음	채식어묵볶음	팔보채	후랑크소시지케첩볶음
소불고기	애느타리버섯볶음	어묵맛살볶음	오징어두루치기	잡채말이어묵볶음	취나물볶음	표고버섯볶음	훈제오리떡볶음

튀김 1							
○○○ 정식	건미역튀김	김당면말이튀김	닭강정	대구살칠리강정	떡갈비강정	명태살튀김	버팔로윙
가자미강정	건빵강정	김말이/고구마튀김	닭강정(간장레몬소스)	대구탕수	떡갈비말이튀김	명태칠리강정	베이컨감자말이
가자미강정(고추장소스)	건빵아몬드강정	김부각	닭강정(간장소스)	데이터잼(맛감자)&케찹	떡강정	명태튀김	병어튀김
가자미살튀김	게맛살야채크로켓	김치만두튀김	닭강정(케첩소스)	도너츠	떡꼬치	모듬만두	붕장어살강정
가자미튀김	게맛살튀김	김치크로켓	닭꼬치강정	도라지강정	떡꼬치/고추과일소스	모듬야채튀김	브레드포테이토/케찹
가지돈육강정	견과류연근강정	깐풍기	닭날개윙튀김	돈갈비강정	떡맛탕	모듬탕수	비빔만두
가지탕수육	고구마단호박튀김	깐풍기(새우, 칠리소스)	닭다리튀김	돈까스	라면땅콩강정	모듬튀김	사과도너츠
간사이어묵커틀렛	고구마돈육강정	깨강정	닭떡강정(라이스크런치)	돈까스/샐러드	마파두부	못난이도너츠	사천식탕수육
간장양념치킨	고구마땅콩맛탕	깻잎튀김	닭봉간장소스튀김	돈육강정	만두강정	문어오징어고로케	삼각만두튀김
갈비강정	고구마떡깐풍기	꼬마돈까스	닭봉크래커튀김	돈육고구마강정(간장)	만두고추장소스	미니돈까스	삼치순살강정
갈치카레튀김	고구마롤까스	꽁치튀김	닭봉튀김	돈육커틀렛/카레소스	만두떡강정	미역자반튀김	삼치자반튀김
갈치튀김	고구마맛탕	꿔바로우탕수육	닭살아몬드튀김	돼지고기아몬드커틀렛	만두탕수	미트볼케첩조림	삼치카레튀김
감자고구마맛탕	고구마스틱	네모피쉬커틀릿	닭살크래커튀김	돼지고기치즈튀김	만두탕수육	미트볼탕수	삼치튀김
감자돈육고로케	고구마추러스맛탕	누룽지강정	닭아몬드튀김	두부고추장강정	만두튀김	미트볼튀김	새우까스
감자맛탕	고구마튀김	누룽지튀김과 단식초소스	닭어깨봉튀김	두부떡강정	매작과	바나나탕수	새우볼튀김
감자볼튀김	과일탕수육	느타리버섯튀김	닭윙튀김	두부떡땅콩강정	매콤치킨/크림소스	밤맛탕	새우살연근튀김
감자아몬드맛탕	광동식탕수육	다시마부각	닭카레튀김	두부스넥	메이플만두크로켓	백일송이버섯탕수	새우카라아케
감자양파튀김	굴튀김	단호박고구마맛탕	닭튀김	두부커틀렛	메추리알꽂이튀김	뱅어포양념튀김	새우튀김
감자크로켓	궁보계정(중국식닭튀김)	단호박크로켓	당면김말이튀김	땅콩강정	메추리알야채튀김	버섯완자볼튀김	새우튀김(양겨자)
감자튀김	굴만두탕수	닭간장소스튀김	대구강정	땅콩카레고등어튀김	멘츠까스/소스	버섯탕수육	샌드위치튀김

튀김 2							
생선커틀렛(크런치)	스마일포테이토/케찹	어묵탕수	옥수수치즈크로켓	조기튀김	치킨너겟강정	코코아고구마맛탕	피자치즈포크커틀렛
생선커틀렛(킹구살)	스코치에그	연근강정	옥수수튀김	집게맛살튀김	치킨볼튀김	콘후리타	피자코돈블루
생선커틀렛(가자미)	스틱만두튀김	연근부각	완자탕수	참가자미스틱	치킨탕수육	콩스틱탕수(케첩소스)	핑거휠레&머스터드소스
생선커틀렛(삼치)	쌀탕수육(돼지, 간장소스)	연근빵가루튀김	왕돈까스/소스	참조기튀김	치킨오렌지탕수	크리미양파닭튀김	하와이안데리소스
생선크로켓	쑥갓튀김	연근우엉튀김	왕새우튀김	참치강정	치킨치즈떡강정	탕수만두	학꽁치튀김
소세지깻잎튀김	아몬드고구마맛탕	연근탕수	용가리치킨	참치크로켓	치킨커틀렛	탕수어	한방후라이드
쇠고기튀김	아쿠아돈까스	연근튀김	우럭양념튀김	찹쌀탕수육	치킨커틀렛/참깨소스	탕수어&매실소스	핫윙
수제김말이튀김	알감자맛탕	연북어강정	우엉간장강정	채소튀김	치킨커틀렛/카레소스	탕수어(크런치,케첩소스)	핫윙케첩조림
수제돈까스	알감자버터구이	연어칠리강정	우엉강정	채식탕수(케첩소스)	치킨탕수육	탕수어/케첩소스	해물누룽지새우볼
수제씨리얼피쉬커틀렛	야채크로켓	연어커틀렛(코코넛치즈)	우엉채강정	청파래오징어까스	치킨텐더&소스	탕수육/오렌지소스	해물누룽지탕
수제왕새우튀김/칠리소스	야채튀김	열대파파야핫도그	유린기	추러스고구마맛탕	치킨트위스터	탕수육/케첩소스	해물완자튀김
수제치즈등심까스	양념닭꼬치	오렌지탕수육	이면수튀김과양념소스	츄러스	치킨화이타	텐더치킨	해물탕수
수제치킨까스	양념떡꼬치	오징어과일탕수	임연수살데리야끼강정	치즈돈까스	칼슘두부강정	파닭	햄샌드위치튀김
수제탕수육	양념통닭	오징어링탕수	임연수카레튀김	치즈스틱	코다리간장강정	파스타튀김	햄튀김
수제통등심돈까스	양파링파슬리튀김	오징어링튀김/드레싱	임연수튀김	치즈코돈블루	코다리살데리야끼강정	팝콘치킨	허니버터치킨
수제통등심치즈돈까스	어묵게맛살튀김	오징어바튀김	자반고등어튀김	치즈포크커틀렛	코다리칠리소스강정	표고버섯돈육탕수	홍게살집게다리튀김
수제피자돈까스	어묵당면말이튀김	오징어빙글	장어. 연근강정	치즈피자브리또	코코넛새우까스&소스	표고버섯두부탕수	황도카레만두탕수
순대강정	어묵만두튀김	오징어커틀렛	장어강정	치킨, 치즈볼, 샐러드, 마늘	코코넛쉬림프	피쉬앤칩스/아이올리소스	회오리감자튀김
순대튀김	어묵잡채말이튀김	오징어튀김	제육튀김	치킨너겟&소스	코코넛연어치즈까스	피자군만두튀김	후라이드치킨
순살후라이드치킨	어묵커틀렛	옥수수채소튀김	제육튀김샐러드	치킨너겟/허니머스터드소스	코코넛치킨	피자맛포크커틀렛	흑임자탕수육

부침							
감자깻잎전	계란치즈말이	단무지팽이버섯전	런천미트피카타	부추파전	스팸구이	오코노다꼬야끼	콩부침개
감자비트전	계란후라이	단호박전	맛살적	부추풋고추전	쌀가루쑥전	오코노미야끼	파래단호박전
감자연근전	고추장떡	닭안심두부전	메밀전	북어지짐	알쌈	완자전	파래전
감자영양전	굴실파전	더덕산적	멸치야채전	빈대떡(녹두전)	애호박새우살전	우엉전	팽이버섯감자전
감자전	김치완자전	독일식감자부침	모듬계란전	새송이버섯전	애호박생선전	일식해물부침	표고버섯전
감자채전	김치전	돈육김치치즈전	모듬버섯전	새우살두부전	애호박장떡	장떡	피망전
감자치즈전	김치전(오징어)	돈육날치알전	모듬파전	새우전	애호박전	지짐누름적	해물경단부침
건오징어채전	김치카레전	동태전	미나리전	생선전(동태)	야채참치전	쭈꾸미버섯전	해물김치전
검은깨영양부추전	김치피자전	두릅산적	민어전	생선전(킹구)	야채해물전	참치김치전	해물동그랑땡전
게맛살계란말이	김치해물전	두부당면전	바지락전	섭산적	양송이김치피자전	참치야채전	해물완자전
게맛살전	깻잎맛살전	두부부침	버섯게살전	소시지전	양송이오믈렛	참치옥수수전	해물전(피자치즈)
계란김말이	깻잎완자전	두부오코노미야끼	버섯야채전	쇠고기깻잎전	어묵산적	참치완자전	해물파전
계란김치치즈말이	날치알계란말이	두부피자	버섯전	수제어묵부침	어묵전	청포묵전	햄부침
계란날치알말이	녹두전	두부흑임자전/겨자소스	부추오징어전	수제호떡	연근전	치즈함박스테이크	호박양파전
계란참치말이	녹차빈대떡	떡산적	부추장떡	스위트콘참치전	오색산적	칠절판/밀전병/양념초간장	호박완자전
계란채소말이	느타리버섯전	떡피자	부추전	스크램블에그	오징어야채전	카레부추전	홍합전

김치							
갓김치	깍두기	동치미	배추겉절이(수제)	백김치	상추겉절이(수제)	열무김치	참나물겉절이(수제)
가지김치(수제)	깻잎김치	맛김치	배추김치	보쌈김치	상추쑥갓겉절이(수제)	오이김치	총각김치
고구마순겉절이(수제)	나박김치	모듬겉절이(수제)	배추무겉절이(수제)	봄동겉절이(수제)	석박지	오이부추김치(수제)	치커리겉절이(수제)
고들빼기김치	냉면김치(수제)	배추겉절이	배추열무겉절이(수제)	부추겉절이(수제)	얼갈이배추겉절이(수제)	오이소박이	파김치

보조식							
감귤푸딩	과일(메론)	과일(파인애플-가공)	떡(바람떡)	레몬에이드	생바나나요거트	요플레	쥬스(사과당근)
견과시리얼	과일(메론화채)	과일(포도-거봉)	떡(방울증편)	레몬에이드(수제)	샤베트	우유	쥬스(석류)
고구마스넥	과일(모듬)	과일(포도-캠벨)	떡(백설기)	리얼카카오	수정과	우유(고칼슘우유)	쥬스(파인애플)
과일(백도복숭아)	과일(바나나)	과일(한라봉)	떡(송편)	리이브	시리얼딸기요거트	우유(바나나우유)	쥬스(포도)
과일(사과-부사)	과일(반건시)	과일(황도복숭아)	떡(시루떡)	만주	식혜	우유(딸기우유)	찐고구마
과일(사과-아오리)	과일(방울토마토)	과일쉐이크	떡(쑥개떡)	망고푸딩	쌀강정	우유(초코우유)	찐밤
과일(아이스홍시)	과일(방울토마토)	과일시리얼	떡(쑥송편)	머스캣에이드	아이스경단	우유(현미우유)	찐옥수수
과일(천도복숭아)	과일(배)	과일젤리	떡(쑥절편)	미숫가루	아이스바	우유빙수	치즈
과일(감)	과일(살구)	과일푸딩	떡(약과)	미숫가루(오곡)	아이스슈	주스(레몬에이드)	치즈립깔조네
과일(감말랭이)	과일(수박)	과일화채	떡(약식)	바나나쉐이크	아이스찰떡	주스(유자에이드)	카스테라경단
과일(골드키위)	과일(수박화채)	구슬아이스크림	떡(인절미)	밤떡초	아이스치즈찰떡	주스(자몽에이드)	카카오아이스슈
과일(곶감)	과일(앵두)	꼬마부쉬맨브래드&스프레드	떡(절편)	밤맛스틱	오미자	주스(쥬시쿨자두)	코코넛음료
과일(과일화채)	과일(연시)	딸기바나나슬러시	떡(증편)	베지밀	오미자과일화채	주스(감귤)	크릴감자커틀렛/케찹
과일(귤)	과일(오렌지)	딸기쉐이크	떡(찹쌀경단)	복숭아브래드푸딩	오이피클	주스(골드키위)	톡톡텐저린
과일(그린키위)	과일(자두)	딸기요거트	떡(찹쌀떡)	복숭아음료	요거트푸딩	주스(과일)	통갈비맛바(꼬지)
과일(그린키위)	과일(자몽)	땅콩	떡(콩설기)	블루베리라떼	요구르트	주스(당근)	포테이토볼/케찹
과일(금귤)	과일(참외)	떡(개피떡)	떡(콩찰떡)	블루베리스무디	요구르트(에이스)	주스(딸기)	한과
과일(단감)	과일(청포도)	떡(경단)	떡(팥시루떡)	블루베리요거트	요구르트(짜요짜요)	주스(매실)	해쉬브라운
과일(딸기)	과일(토마토)	떡(꿀떡)	떡(호박떡)	쁘띠젤	요구르트(앙팡)	주스(블루베리)	황도맛푸딩
과일(망고)	과일(파인애플)	떡(무지개떡)	떡(흑미찹쌀떡)	사과맛푸딩	요구르트(호상)	주스(사과)	후르츠칵테일

저자 소개

이애랑 / 숭의여자대학교 식품영양과 교수
박경숙 / 장안대학교 식품영양과 교수
이영우 / 이루미케이터링 대표이사
조윤경 / 수원정보과학고등학교 영양교사

단체급식 실무

2017년 9월 4일 1판 1쇄 인 쇄
2017년 9월 8일 1판 1쇄 발 행

지 은 이 : 이애랑 · 박경숙 · 이영우 · 조윤경
펴 낸 이 : 박 정 태

펴 낸 곳 : **광 문 각**

10881
파주시 파주출판문화도시 광인사길 161
광문각 B/D 4층
등 록 : 1991. 5. 31 제12-484호
전 화(代) : 031-955-8787
팩 스 : 031-955-3730
E-mail : kwangmk7@hanmail.net
홈페이지 : www.kwangmoonkag.co.kr

ISBN : 978-89-7093-850-9 93590

값 : 20,000원